宋希玉 著

好業務眼中沒有爛產品，
只有沒被理解的問題

# 業務不是

## 我是專門解決問題的那個人

用心理戰術取代死纏爛打，吸引顧客主動靠近
不再當業績奴隸，輕鬆主導每一場銷售戰局！

# 目 錄

序言
從話術到洞察：業務這門學問的全新視角　　005

第一章　為什麼沒有爛產品，只有爛業務　　011

第二章　讀懂顧客心理，打開購買開關　　039

第三章　找對人：客戶開發的策略與實戰　　067

第四章　與決策人建立關係的技術　　095

第五章　業務溝通的心理戰與說服術　　125

第六章　打造你的銷售提案力　　155

第七章　異議處理與價格談判的心理學　　185

第八章　成交的最後一哩：收尾款的技術　　209

第九章　客戶關係的長期經營術　　235

# 目錄

## 第十章　忠誠度與轉介紹的引爆點　263

## 第十一章　業務自我經營:時間、品牌與成長　291

## 第十二章　業務進階:讓銷售成為影響力事業　323

# 序言
# 從話術到洞察：
# 業務這門學問的全新視角

當我們談論「業務」這兩個字，腦中浮現的，可能是穿著西裝、手提公事包、滿臉笑容、在街頭巷尾穿梭不息的形象；也可能是滿嘴話術、能說會道、話術壓迫的傳統印象。這些刻板印象，曾經定義了我們對業務的理解，也形塑了一代又一代的銷售文化。

但如今，這套老舊公式正在快速瓦解。

在資訊對稱、選擇過剩、競爭白熱化的時代，消費者早已不是過去那個「等著你告訴他產品多好」的角色。他們習慣在Google查詢、在YouTube比較、在社群媒體聽網友推薦，在你開口之前，他們可能早已知道你的價格、功能、競品與評價。

面對這樣的變局，業務還能做什麼？答案是：成為一位真正能解決問題的人。

◎銷售的本質不是推，而是引

我們常說業務要「成交」，但真正高段位的業務不會急著「成交」，而是懂得「引導」。引導顧客意識到自己的問題，引導他思考改變的必要，引導他一步步靠近解方。當顧客自己

產生動機,自我說服,自我決策,成交才真正發生,而且更穩固、更長久。

心理學家曾指出,問題比陳述更容易激起人類的思考。當一位業務懂得設計問題,而不是灌輸觀念,他就不再是推銷者,而是思考的啟動者。

◎顧問式銷售:從推銷者變成協作者

傳統業務的邏輯是「我要賣你什麼」,但顧問式銷售的邏輯是「我能幫你解決什麼」。這不是技巧的升級,而是角色的轉變。

一位顧問型業務,懂得從客戶的視角出發,看見痛點、評估需求、預測風險、提出洞見。他不只關心產品的功能,更在意產品是否真正能改善客戶的現況、是否能與企業的策略目標貼合。

這正如心理學家丹尼爾·康納曼所說,人們的決策不只基於理性,更基於感知與參照。他們需要的是一個信得過的引導者,而不是一個只會背誦規格表的推銷員。

◎當業務擁有心理學的底層理解

本書的寫作核心,即在於將心理學理論與實務銷售場景結合,幫助業務脫離話術模板,真正理解顧客的決策心理。

例如:

◆ 認知失調理論說明顧客在感受到價值與價格不一致時，內心會產生不適，這正是業務進行「價值補強」的最佳時機。
◆ 成就動機理論讓我們知道，顧客不只是想買產品，更渴望透過購買達成某種自我認同。
◆ 成長型心態提醒我們，失敗不是終點，只要有檢討意識，每一次錯失都是學習素材。
◆ 自我效能則告訴我們，讓顧客感受到「自己做得到」，比你告訴他「我做得到」更重要。

這些心理學知識，不是為了讓你更懂操控顧客，而是為了讓你更懂如何「協助顧客自己做出決定」。

◎銷售的核心，不在話多，而在心懂

許多新手業務以為口才就是一切，話多、話快、話術強就能成交。但真正厲害的業務都有一項共同特質：他們懂得傾聽。

心理學家卡爾‧羅傑斯強調，有效的溝通不在於說了多少，而在於是否能用同理去理解對方的真實情緒與動機。當你能聽見對方沒說出口的那句話，你才真正進入顧客的世界。

業務不是靠嘴巴成交，而是靠理解、靠連結、靠信任。這種信任，來自於你說的每一句話、你給的每一份建議，是否真心為他設想，是否看見了他的立場與難處。

序言　從話術到洞察：業務這門學問的全新視角

◎數位時代的業務，要會看數據也要看人心

本書也將觸及 CRM 與大數據如何改變業務開發邏輯。當 AI、自動化與資料平臺越來越普及，業務需要的不再是「盲打電話」，而是懂得用資料分析潛在需求、用系統追蹤客戶行為、用科技強化人與人的連結。

但請記住，資料可以幫你找人，但無法幫你說服人。真正讓成交發生的，永遠是那句說進心坎的話、那個適時的提問、那次真誠的跟進。科技只是工具，理解才是武器。

◎寫在開頭的提醒：這不是一本教你話術的書

如果你期待在這本書裡，學到一套萬用話術模板，然後照著唸就能成交，那你可能會失望。

這不是一本教你如何操縱人心的業務工具書，而是一本幫助你更理解人性、更優化行動、更長期累積信任的銷售策略指南。

在這裡，我們談的是：

◆ 業務心理的底層結構
◆ 從開場白到成交點的引導邏輯
◆ 從顧客反應到決策背後的心理機制
◆ 從單次交易到長期合作的價值轉換

◎為誰而寫?

這本書,寫給以下這些人:

- 每天跑客戶跑得很勤,但總覺得成效不成正比的你
- 面對異議時總是詞窮,不知如何回應的你
- 覺得自己口才不夠好,懷疑能不能當業務的你
- 做業務很多年,卻想突破瓶頸、優化體系的你
- 想帶業務團隊轉型顧問式銷售的主管與老闆們

這本書不是站在上位者對你說教,而是用一個也走過挫敗、迷惘與成長歷程的角度,陪你一起拆解「業務」這門職業真正的底層結構。

◎業務不是賣東西,是創造選擇的價值

最後,我想送你一句話:

「業務不是把東西推給對方,而是幫對方做出更好的決定。」

真正頂尖的業務,不是成交一筆訂單,而是成為客戶心中「如果未來有什麼問題,我還會找你」的那個人。

這是一種專業,也是一種信任。

而這本書,就是要幫你走向這樣的業務高度。

準備好了嗎?讓我們從第一章開始。

序言　從話術到洞察：業務這門學問的全新視角

# 第一章
# 為什麼沒有爛產品,只有爛業務

## 第一章　為什麼沒有爛產品，只有爛業務

## 第一節　沒有爛產品，只有不會賣的業務

### ▋爛產品的錯覺：是業務還是產品的問題？

當業務員在銷售過程中頻頻受挫時，最常見的自我安慰是：「這產品太爛了，不好賣！」但這背後其實是一種心理防衛機制。心理學中的歸因理論指出，人們面對失敗時，習慣將原因歸咎於外在因素，以保護自我形象，避免直面自己的不足。

然而，真的是產品的錯嗎？現代企業在產品上市前，往往已經經過多輪市場測試、研發打磨，並非憑空產出。若產品真有嚴重瑕疵，不會連市面上都站不住腳。

因此，所謂的「爛產品」，往往只是業務無法理解或傳遞其價值，才讓產品成了市場的「邊緣人」。不會賣，才是最大的問題。

### ▋從顧客角度看產品：
### 　不是產品差，而是你沒講對話

在行銷學大師狄奧多・萊維特（Theodore Levitt）提出的著名比喻：「顧客購買的不是產品本身，而是產品所帶來的解決方案或效益。」這句話後來被精準衍生成「顧客不是買電鑽，而是買牆上的洞。」揭示了一個關鍵：產品只是載體，顧客關心的是解決方案與使用後的結果。

例如：

- 賣美容儀器的，顧客想要的是變漂亮、獲得自信；
- 賣健身器材的，顧客追求的是體態、健康與社交認同；
- 賣商業軟體的，顧客看重的是提升效率與降低成本。

若業務員只專注講產品規格、功能，而沒有轉譯成顧客的語言與情境，再好的產品也只是冷冰冰的物件。這不只是銷售的失誤，更是對顧客需求理解的缺失。

## 信念決定銷售：
## 業務自己都不信，怎麼賣給別人？

銷售的第一步，是業務對產品的信念。心理學家班度拉（Albert Bandura）的「自我效能理論」指出：人對於自己能否達成目標的信念，決定了行為的堅持度與影響力。如果業務自己都不相信產品，語言的說服力、眼神的堅定度都會打折扣，顧客是能敏銳察覺的。

曾有臺灣保險業的頂尖業務員分享：「我每次談保險，不是想著我正在賣一份保單，而是我在給對方的家人一份安心。我這麼相信這個東西，對方不買反而是損失。」

當你從這種立場出發，不是「我在賣」，而是「我在給你一個保護自己與家人的機會」，那份自信與堅持，才能穿透顧客的防線。

## 第一章　為什麼沒有爛產品，只有爛業務

### ▌業務是價值的說書人，不是推銷的機器

賣產品其實是在講一個故事，一個讓顧客自己成為主角的故事。這與心理學的敘事實踐不謀而合。人們記住的不是數據，是故事與畫面。

你是在賣一枝筆？還是在告訴對方：「這枝筆是你簽下人生重要合約的工具。」

你是在賣一雙運動鞋？還是在說：「這雙鞋陪你跑過的路，證明了你的堅持。」

當業務能為產品編織出符合顧客心理期待的故事，就從賣產品，變成了賣意義。

### ▌用行銷學與心理學包裝產品，才能變好賣

再爛的產品，也能透過行銷學與心理學被「包裝」成市場接受的樣子。

- ◆ 損失厭惡（Loss Aversion）：讓顧客知道「不用會損失什麼」，比「用了會得到什麼」更有影響力。
- ◆ 社會認同（Social Proof）：展示有多少人用過、誰在用，顧客才不敢錯過。
- ◆ 稀缺性（Scarcity）：限量、限時的設定，讓產品變得珍貴。

像是 Dyson 吸塵器，本質上就是「吸塵」，但行銷上用「無塵袋科技」、「渦輪氣旋」等科學感與設計感包裝，讓它不再是吸塵器，而是生活品味的象徵。

## 產品再好，不會說也是白搭

有業務抱怨：「產品真的很好，可是沒人買。」這其實是銷售話術與行銷包裝的問題。賣高檔咖啡機，不能只說「壓力幾 Bar，功率多少瓦」，而是要讓顧客想像：「在家就能有精品咖啡的香氣，早晨的儀式感從這裡開始。」

某知名直銷業務員曾說：「產品再好，業務沒表達到顧客的需求點，顧客永遠感受不到它的好。」所以學會說「顧客聽得懂的話」，是每個業務的必修課。

## 業務是市場的教育者，而非產品的代言人

有時候產品賣不動，不是產品爛，而是市場還沒被教育好。業務的職責之一，就是扮演市場教育者的角色。

蘋果當年推出 iPhone 時，市場對「全觸控手機」充滿疑慮，是賈伯斯站上舞臺，用一場場發表會教市場：「這才是未來手機的樣子。」

同樣地，臺灣某生技品牌的業務，推廣高單價的保健品時，先教育顧客「為何身體需要這些成分」，讓顧客接受需

求,產品才有賣點。

銷售的第一步,不是介紹產品,而是教育市場。

## ▌最後的重點:你不懂賣,才會讓產品看起來爛

綜合上述,市場上其實不存在所謂的「爛產品」,只有不懂怎麼賣的業務。真正的業務高手,懂得從以下五個面向,全面打造自己的銷售力:

- ◆ **產品信念**:自己必須百分之百相信產品的價值與效果,否則連自己都不信,何來說服力?
- ◆ **價值轉譯**:把產品特性轉化成顧客聽得懂、感受得到的實際價值。用顧客的語言,說顧客的痛點。
- ◆ **解決方案思維**:用顧問的視角診斷需求,讓顧客感受到「被理解」,而非只是被推銷。
- ◆ **心理學話術**:透過心理學技巧,突破顧客的心防與猶豫,讓對方更願意開啟合作之門。
- ◆ **市場教育**:不等市場自己來接受,而是主動教育市場,塑造需求,建立產品話語權。

當這些層面都具備,產品自然不再是「爛產品」,而是「市場的遺珠」,等待被真正懂得賣、懂得創造價值的業務挖掘與點亮。

## 第二節　成交從相信產品開始

### ▌相信，是業務說服力的第一步

在銷售的世界裡，有一條不變的心理定律：業務自己都不信的產品，絕對賣不動。顧客的直覺比你想像得敏銳，當你的眼神、語氣、肢體透露出一絲不確定，他們就會感知到：「這東西是不是沒那麼好？」

心理學中的鏡像神經元告訴我們，人類會本能地模仿對方的情緒與態度。若業務對產品滿懷信心，這份信心自然會透過談吐、肢體傳遞給顧客。反之，業務若半信半疑，顧客也無法全然信任。

### ▌自我效能：我賣得掉，顧客才會想買

班度拉（Albert Bandura）的「自我效能論」強調：當一個人相信自己能做到某事，行動就會更有力量。業務若深信「我一定能賣掉這產品」，這份堅定會讓言語更有說服力，行為更有執行力，顧客也更願意跟隨。

曾有保險業頂尖業務分享：「每次談保險時，我都把對方的家人想像成我的家人。我希望他們被好好保障。所以我賣的不是保單，是一份安心。」這樣的信念感，讓成交變得水到渠成。

## 第一章 為什麼沒有爛產品，只有爛業務

### ▍專業來自相信，學習是最好的投資

相信產品不代表盲信，而是建立在專業知識與市場理解的基礎上。你對產品理解得越深入，對市場的脈動掌握得越透徹，就越能在顧客提出質疑時，給出自信、專業的回應。

例如當顧客說：「你們家的價格比較貴。」如果業務能從產品的獨特技術、品質保障、售後服務等角度有系統地說明，顧客的疑慮就容易被瓦解。相反，對產品不夠了解的業務，遇到質疑只會結巴，甚至急於降價。

此外，透過不斷學習與自我提升，業務才能與時俱進。市場環境不斷變化，新技術、新需求層出不窮，持續進修、參與產品研習或行銷課程，都是強化信念與專業的最佳方式。若業務只停留在產品基礎知識層面，很快就會被市場淘汰。

### ▍相信帶來堅持，成交靠臨門一腳

銷售過程往往是長期的攻防戰。沒有信念的業務，面對拒絕容易氣餒；而真正相信產品的人，才有足夠的耐性與意志力，把握住每一次再接觸的機會，最後完成成交的臨門一腳。

舉例來說，房仲業常見一種業務：「我帶你多看幾間，反正不差我一個。」這種心態自然無法讓顧客感受到誠意。而若業務能傳達「我真心相信這是你最好的選擇」，成交的可能性就大增。

不僅如此,信念也讓業務在面對市場逆風、競爭加劇時,依然堅守陣地。那些銷售頂尖的人,之所以能堅持不懈,不是因為他們天生比別人更會說話,而是他們內心有一個強烈的信念:我的產品真的能幫助人。

## 信念感染力:當顧客感受到你的熱情

信念不只是讓你自己堅持,更是一種感染力。當你全心全意相信產品,顧客會在你的言語、神態、態度中感受到「這個人是真的在為我好」。

例如:某直銷品牌的頂尖業務員,曾經因產品被市場誤解而銷售困難。她沒有因此放棄,而是不斷地在小型說明會上親自示範,講解產品對健康的改善案例。這份對產品的熱情,最終讓顧客主動推薦身邊的親友,甚至形成口碑行銷的連鎖效應。

顧客不是笨蛋,他們買的不是產品,而是業務員對產品的信仰與承諾。一位充滿信念的業務,比千篇一律的銷售話術,更能打動人心。

## 相信產品,更要相信自己

除了相信產品,業務更要相信自己。這是自我價值感(Self-Worth)的展現。若業務員總認為「我只是個小小銷售

員」,那麼在與顧客互動時,自然會缺乏氣場與自信。反之,當你內心堅定:「我在做一份幫助別人、提升生活的工作」,這種使命感與自我價值的肯定,會讓顧客對你產生信任與尊敬。

美國行銷大師齊格・金克拉(Zig Ziglar)曾強調,銷售的本質不在於推銷,而是幫助顧客解決問題,這樣的心態讓成交自然水到渠成。

## 業務的信念,是顧客信任的來源

成交的基石從來不在於話術多厲害,而是你到底多相信你的產品、多相信你能幫助顧客解決問題。這種信念會轉化成專業、堅持與感染力,最終贏得顧客的信賴與認可。

因此,成交之前,請先問自己:

- 我真的相信這產品值得被顧客擁有嗎?
- 我是否了解產品的每一項優勢?
- 我對自己的專業有沒有足夠的信心?

如果答案是肯定的,那麼你離成交,其實已經不遠了。真正的業務高手,從來不是靠話術,而是靠一份堅不可摧的信念與自信,贏得顧客的信任與支持。

## 第三節
## 產品賣點只是表象，需求才是本質

### ▌ 別被產品賣點的光鮮誤導了

許多業務在銷售時，總是迫不及待地把產品的各種賣點端上桌，從規格、材質、技術、設計到外型，條列式的介紹，恨不得讓顧客馬上被打動。但事實上，多數顧客根本記不住那些賣點，甚至聽完只覺得資訊太多、過於複雜，反而降低了購買意願。

原因很簡單：賣點只是產品的「表象」，而顧客心中真正想要的，是他們自身的「需求被滿足」與「問題被解決」。這也是為什麼許多擁有卓越功能的產品，卻依然銷量慘澹，因為業務沒有對準顧客的核心需求，導致銷售訊息對顧客毫無吸引力。

### ▌ 賣點≠需求：顧客只在乎「對我有什麼好處」

行銷學上有一句話：「顧客不買產品，只買對自己有幫助的解決方案。」這句話背後的邏輯來自顧客價值理論。顧客心中有一道無形的天秤，衡量「我花這筆錢能解決什麼問題？」、「我買這東西可以改善什麼生活層面？」

舉例來說：

- 賣一臺功能強大的空氣清淨機,顧客要的不是 HEPA 濾網的等級,而是「我家小孩的過敏可以改善」。
- 賣一部高性能的相機,顧客不關心感光元件的規格,而是「能不能讓我在旅行時拍出跟網紅一樣的照片」。

如果業務只講賣點,卻無法對應顧客的實際需求,就像是自言自語,顧客聽了也只是「嗯,這東西不錯」,但不會買單。

## 換位思考:用顧客的語言轉譯賣點

業務需要的是「轉譯力」,把枯燥的賣點翻譯成顧客的需求語言。這需要換位思考,從顧客的痛點、願望、期待出發,重新包裝產品特色。

舉個例子,賣車的業務員,與其說「這款車有 V6 引擎、零百加速 5 秒」,不如說「這臺車讓你上山不喘,下山不抖,安全又舒適」。後者直接回應了顧客對駕駛體驗與安全感的需求,比冷冰冰的數字來得有溫度。

這種轉譯能力,正是銷售心理學與行銷學強調的「利益導向說服」。對顧客而言,他們不在意產品本身有多厲害,而是想知道:「這對我有什麼幫助?」真正高明的業務,不是講產品規格,而是把產品的特性轉化成對顧客的具體利益與價值。唯有說到顧客心裡的「好處」,說服才會產生效力。

第三節　產品賣點只是表象，需求才是本質

## 找到顧客需求的黃金三問

為了真正掌握顧客的需求痛點，業務可以善用「黃金三問」來引導對話，讓銷售不再只是單向的產品介紹，而是深入對方的內心需求：

◆ 您希望透過這產品解決什麼問題？
◆ 目前困擾您的最主要痛點是什麼？
◆ 如果能改善，您最期待的是什麼樣的結果？

這三個關鍵問題，不僅能快速打開顧客的心防，更能讓對話聚焦在「顧客在意的事」，避免業務自顧自講得天花亂墜，卻換不來顧客的共鳴與認同。掌握黃金三問，就是讓銷售對話一次到位的最佳捷徑。

## 需求層次決定銷售策略

心理學家馬斯洛（Abraham Maslow）提出的「需求層次理論」也適用於銷售。顧客的需求從最基礎的生理需求、安全需求，到社交需求、尊重需求、實現需求。業務必須判斷顧客購買這產品是為了滿足哪一層次：

◆ 若是安全需求，談保障、穩定、風險預防；
◆ 若是社交需求，談形象、社交認同、朋友圈地位；
◆ 若是自我實現，談成就感、品味、專屬定製感。

當業務對需求層次有了清楚判別，銷售策略才能對應，說出的話才會對顧客產生心理共鳴。

## 案例：Dyson 的成功是如何對準需求

Dyson 吸塵器之所以能在全球熱銷，不是因為它的渦輪氣旋技術被解釋得多清楚，而是業務與品牌行銷讓顧客感受到：「用了 Dyson，我家地板真的乾淨了，省時又輕鬆，還能彰顯生活品味。」

技術是產品的基礎，但對消費者而言，最終買單的往往是「感受」。這正是行銷與銷售中常說的「功能與情感並重」策略。產品要有解決問題的功能性，更要喚起顧客內心的情緒連結，才能真正打動人心。當銷售能同時滿足理性需求與情感渴望，成交就不只是邏輯上的認同，而是心理上的自然選擇。

## 解決需求，賣點才有意義

業務如果只會死背產品規格、機械式地介紹賣點，那不如一臺 AI 或一份說明書。真正的業務價值，從來不在於「記得多少」，而是能否挖掘需求、對應需求，並把產品賣點轉譯成顧客聽得懂、感受得到的解決方案。

記住，賣點不是重點，它只是通往顧客需求的橋梁。唯有真正抓住顧客內心深處的需求，你的產品介紹才不會淪為一場自說自話的獨白，而是一場能引發共鳴、促成成交的高效對話。

## 第四節　你對產品的信念力有多強？

### ▌信念力，決定銷售的底氣

　　銷售，是一場信念的遊戲。對產品的信念力不夠，業務的語氣、眼神、肢體語言都會透露出猶豫與不確定，而顧客的敏銳感受力，會在第一時間感知到。心理學上的非語言溝通研究指出，超過 70% 的溝通效果來自於非語言訊息，這也就解釋了為何業務的自信與堅定，往往比話術還重要。

　　信念力是業務說服力的根基。當你全心相信自己銷售的產品，說出口的每一句話才有力量。相反的，若業務心中存疑，說再多也像是在背稿，顧客只會覺得這是場「演出」，而非一場「解決方案的對話」。

### ▌信念感來自對產品的深度理解

　　許多業務對產品的信念不足，原因之一是對產品不夠了解。所謂了解，不只是背規格、記功能，而是知道這產品如何幫助顧客解決問題，知道它的設計邏輯、使用優勢與市面上競品的差異。

　　舉例來說，一名頂尖汽車銷售員，不僅知道車子的每項數據，還能清楚解釋為何這些設計對應某類客群的需求：家庭客重安全、年輕人重操控感、長途駕駛重舒適性。深入的

產品理解，讓業務講起來不再是硬推銷，而是量身定做的顧問式建議。

## 信念來自於親身體驗與見證

對產品的信念，最佳的養成方式是「親身體驗」。當你自己用過產品，知道它帶來的便利、優勢甚至改變，信念力自然提升。這也就是為什麼很多優秀業務在銷售時，總是會說：「我自己也在用。」

此外，顧客見證、案例分享也能強化業務的信念感。當你聽過、看過甚至參與過顧客因產品而獲得改善或解決問題的故事，你對產品的信念就不再只是來自銷售手冊，而是來自真實的市場驗證。

## 專家視角：信念影響行為的自我實現預言

社會學家羅伯特・莫頓（Robert Merton）提出的「自我實現預言（Self-Fulfilling Prophecy）」理論指出，人對某事的信念會影響其行為，而行為最終也會驗證這個信念。應用在銷售上，當業務相信「我賣的產品就是市場上最適合顧客的選擇」，行為就會更有自信，成交率也隨之提高，反之則自我質疑導致表現不佳，最終信念崩潰。

## 第四節　你對產品的信念力有多強？

### ▌建立信念的三步驟

（1）深入學習產品：不只了解表層，更要學會它的歷史、研發背景、技術核心與市場定位。

（2）親自使用與測試：自己體驗產品，從使用感受建立真實的認同感。

（3）搜集顧客回饋與案例：經常整理顧客使用後的改變與成果故事，當作強化信念的「心理資料庫」。

這三步驟，不僅強化了業務對產品的認識，也讓面對顧客時，講述的每句話都有故事、有感受、有力量。

### ▌業務內心的價值觀：我賣的東西對顧客有益嗎？

信念力還來自一個更深的問題：你相信你賣的東西，真的對顧客有益嗎？

如果答案是肯定的，那麼不論你面對多少拒絕、競爭、質疑，都不會輕易動搖。這就像醫生推薦一項治療方案給病人，他的專業與良知讓他堅信這是對病人最好的選擇，因此再困難也會盡力說服病人接受。

相反的，若業務自己都懷疑產品，或覺得「只是為了賺佣金」，這樣的銷售動機是無法長久的，顧客也會感覺到業務的功利與虛假。

## 信念力,是業務的無形資產

你對產品的信念力有多強,決定了你銷售能走多遠。市場競爭再激烈,產品再怎麼同質化,業務的信念感才是穿透顧客心理的關鍵武器。

業務員賣的,從來不只是產品,而是「我知道這東西對你有好處,我願意負責任地推薦給你」。

這份信念,會讓顧客信服,也讓你在銷售這條路上,走得更穩、更長。

## 第五節
## 客戶為什麼不買單:錯誤認知與心理障礙

### 表面拒絕,背後的心理機制

當業務聽到「我考慮看看」、「我再想想」或是「我不需要」,往往以為顧客就是對產品沒興趣,甚至認為是價格或時機的問題。但事實上,顧客不買單,更多時候是源自於認知迷思與心理障礙,而不是真正對產品的排斥。

心理學中有個概念叫做認知失調(Cognitive Dissonance),指的是當人的信念與行為或外界資訊產生衝突時,會下意識地抗拒改變自己原有的認知。換言之,當顧客原本

認為「我不需要這種產品」，即便業務再怎麼介紹，他也會自動在心中築起防線，找理由拒絕，來維持自己認知上的一致性。

## 錯誤認知的四大類型

### 1. 價格迷思

顧客認為「貴的沒必要」、「便宜才實用」，這讓他無法客觀評估價值。

### 2. 需求誤判

顧客不認為自己有需求，或低估了產品對自身的影響與幫助。

### 3. 風險放大

顧客對新產品或服務存在不信任感，害怕買了後「踩雷」，造成金錢或心理損失。

### 4. 品牌刻板印象

對某品牌或類別產品有既定負面印象，無法接受不同產品的獨特優勢。

若業務沒有辨識顧客的錯誤認知來源，就會陷入一再「硬推」的尷尬局面，最後換來的是顧客的防備與拒絕。

## 心理障礙：顧客的潛在擔憂

除了認知迷思，顧客在購買決策中還常被幾種心理障礙卡住：

- 選擇困難症：面對多種選擇，不知如何抉擇，最後乾脆不選。
- 後悔預期效應：擔心買了後會後悔，因此選擇不行動來避免心理損失。
- 社交壓力：顧客擔心別人對他購買的評價，尤其是高價產品，怕被說浪費或不實際。

這些心理障礙，就像是購買行為的隱形手剎車，若業務無法一一拆解，顧客的「我再考慮看看」就會永遠是「不會買了」。

## 拆解錯誤認知的對話策略

### 1. 價格迷思對策

不直接談價格，轉而強調產品的長期價值與成本回收。例如：「您現在投入的金額，其實換來的是五年的耐用性與更低的後續維修成本。」

### 2. 需求誤判對策

用提問挖掘潛在需求，如：「您有沒有遇過這樣的情況……」讓顧客自己發現問題。

## 第五節　客戶為什麼不買單：錯誤認知與心理障礙

### 3. 風險放大對策

透過第三方見證、客戶案例與保固政策降低顧客的不安感。

### 4. 品牌刻板印象對策

用比較法或展示最新改良點，讓顧客理解「現在的產品已非過去那樣」。

## 案例：如何突破心理障礙達成成交

以高價健身器材為例，顧客常質疑：「這麼貴，不就只是運動器材？」

優秀業務的對應策略是：

- 強調健身投資帶來的健康紅利，如少生病、提升生活品質；
- 列舉名人、專業教練的推薦與使用案例，提升顧客信任感；
- 用試用、體驗課程降低顧客心理門檻。

最後，透過「不買你會有什麼風險」的話術，讓顧客意識到「不改變才是最大風險」，成功成交。

## 顧客買單的關鍵：認知改變

銷售不是說服，而是引導顧客重塑對產品與自身需求的認知。當顧客對產品有了新的理解，原本的心理障礙自然瓦

解,成交也就順理成章。

心理學家皮亞傑(Jean Piaget)的「認知發展理論」告訴我們,人會在新資訊的刺激下進行「同化與調適」,最終形成新的認知結構。業務不應直接強灌資訊,而是要透過問題引導、價值啟發等方式,讓顧客的舊有認知結構「不足以解釋當前需求」,進而刺激顧客進行認知調適,最終讓顧客自己「相信」產品的價值與解決方案。

## 理解顧客的心理,銷售才有突破口

顧客不買單,從來不只是因為「產品不夠好」,而是因為心裡還存在著障礙、誤解或錯誤的認知。若這些心理防線未被打破,再好的產品都無法打動人心。

真正高段的業務,懂得透過對話、故事、案例與提問,逐步協助顧客釐清誤解、解鎖心防。當顧客的認知被調整,需求與渴望被喚醒,成交就不再是運氣或偶然,而是每一次交流後的必然結果。銷售的突破口,不在產品,而在顧客的心理。

## 第六節　不被拒絕的開場思維

### ▌ 開場是成交的起點

銷售最怕什麼？一開場就被顧客潑冷水：「不用了，謝謝。」其實，顧客對於「推銷」有天然的防衛機制，這源自於心理學中的防衛性拒絕，當顧客察覺你是來「賣東西」的，會本能地想先拒絕再說，避免被說服的心理不適感。

因此，想要打破這道心理防線，開場就不能讓顧客感覺你是來賣東西，而是要讓顧客覺得「你是來幫助他解決問題的」。

### ▌ 換位思考：從「我」轉為「你」

多數業務開場就犯了一個錯誤：「我來介紹我們的產品」、「我跟你分享一個好東西」。這種「我」字輩的開場，完全忽略了顧客的主體感。真正有效的開場，應該從顧客出發：「您最近在關心健康管理嗎？」、「我注意到您公司最近有在拓展新市場，不知道在資料分析上是否有一些新的挑戰？」

當開場語句讓顧客成為主角，對方的防備心就會降低，願意聽你說下去。

## 提問式開場，讓顧客先開口

提問式開場是一種不被拒絕的有效方法。透過問題引導，讓顧客先說，業務再從對方的回答中尋找切入點。例如：

- 「您對目前使用的系統，有沒有哪裡覺得不夠方便？」
- 「最近許多公司在優化流程，貴公司有這方面的計畫嗎？」

當顧客開始回應，對話的主導權就從業務轉到顧客，雙方形成對等交流，遠比單向介紹更容易持續下去。

## 情境描繪法：喚醒顧客的潛在需求

另一種開場方式是透過情境描繪，喚醒顧客的潛在需求。例如：「許多企業在數位轉型時，常遇到資料分散、無法整合的困擾，不知道貴公司是否也有類似的情況？」

這樣的開場不僅展現業務的專業觀察力，也讓顧客思考：「對，我們好像真的有這個問題。」當顧客被引導思考後，對話的大門就被打開了。

## 分享資訊而非銷售意圖

開場不急著賣產品，而是先給價值。可以是市場趨勢、產業洞察、數據報告，讓顧客感覺業務是來「分享資訊」，而非「賣東西」。

例如：「我們最近針對某某產業的最新趨勢做了份白皮書，裡面有一些企業在優化流程上的新做法，不知道您有沒有興趣參考看看？」

當顧客接收到的是資訊而非銷售壓力，反而更容易產生信任感，後續談產品也就水到渠成。

## 心理學支持：首因效應的影響力

首因效應告訴我們，人對於最先接收到的資訊記憶最深，也會影響後續的判斷。因此開場的印象極為關鍵，若一開始就被貼上「業務」的標籤，後續再怎麼解釋都難翻轉。

反之，若開場就讓顧客感覺你「值得聊聊」，後續的談話即使涉及產品，也不再是單純的銷售，而是解決方案的探討。

## 開場決定銷售的溫度

銷售就像一場約會，第一次印象決定對方願不願意繼續見面。業務的開場，不該是急著展示產品，而是設計對話的氛圍，讓顧客覺得「你是來幫我解決問題的朋友」，而非「又一個想賣我東西的陌生人」。

當開場的思維從「推銷」轉向「協助」，不被拒絕的可能性自然大增，而成交，也就有了最好的開始。

第一章　為什麼沒有爛產品，只有爛業務

## 第七節
## 當業務的使命感：我是來解決問題的

### 從銷售到解決方案的心態轉換

業務與其說是在賣產品，不如說是在解決顧客的問題。當你抱持著「我不是推銷員，而是解決問題的專家」這種使命感，顧客對你的感受將完全不同。銷售不再是「我要把東西賣給你」，而是「我來協助你找到更好的辦法」。

使命感，是驅動業務突破難關的內在燃料。當你為顧客設想、替顧客焦慮，顧客會真切感受到你不只是來做生意，而是站在同一陣線的夥伴。

### 使命感讓業務擁有責任感

擁有使命感的業務，不會只是想著「這筆業績可以賺多少」，而是「這產品能幫顧客解決什麼困擾」。責任感是使命感的延伸，當顧客感受到你願意為他的需求負責，就會願意給你更多信任與機會。

在某高級商用軟體銷售領域，有位資深業務因使命感而在業界打響名號。他不只賣系統，更為客戶規劃最佳流程、協助導入、甚至陪著客戶一起修正錯誤。他的理念是：「賣產品只是開始，我要讓顧客的流程真正優化，否則我沒完成我的責任。」

第七節　當業務的使命感：我是來解決問題的

## 使命感是業務自我驅動的原力

業務是一份高挫折感的工作，拒絕與失敗幾乎是日常。如果只是為了業績與佣金，面對挫折很快就會氣餒。但若內心有著「我在幫助顧客創造價值」的使命感，就會更有耐性與毅力去推動每一次銷售對話。

心理學的自我決定理論（Self-Determination Theory, SDT）指出，人們的行動若源自於內在動機，也就是行為本身具有意義、與自我價值一致，會比單純為了外在獎酬來得更持久且穩定。對業務而言，**使命感**正是最強的內在動力來源。當銷售不只是為了達標或獎金，而是為了幫助顧客解決問題、創造價值，這份驅動力將支撐你在市場競爭與變化中，依然堅持不懈、不斷成長。

## 使命感提升業務的市場影響力

有使命感的業務，久而久之會在市場形成自己的影響力。顧客會主動找你，因為他知道「這個業務不是只想賺我錢，他是真的在幫我解決問題」。這種口碑的累積，會讓業務的人脈網與機會源源不絕。

美國知名銷售培訓師博恩・崔西（Brian Tracy）在其銷售訓練中強調，業務員的價值來自於「幫助顧客解決問題」，而不只是銷售數字的多寡。

## 業務的最高境界 —— 解決問題的專家

當業務擁有「我是來解決問題的」這種使命感,銷售的本質就昇華了。你不再只是交易的中介,而是顧客信賴的夥伴、問題的解決者、價值的提供者。

記住,產品會被市場淘汰,但一個真正為顧客解決問題的業務,永遠不會缺市場。使命感,不只是業務的精神動力,更是成就銷售生涯的關鍵基石。

# 第二章
## 讀懂顧客心理,打開購買開關

## 第一節
## 決策心理學：顧客的購買背後動力

### 購買的本質：理性包裝下的情感驅動

在銷售現場，業務常常以為顧客購買是基於產品的功能、價格或性能，但事實上，決策心理學揭示，顧客購買的驅動力，多數是情感、直覺、潛意識的組合。正如哈佛大學商學院教授傑拉德・扎特曼（Gerald Zaltman）所言：「顧客的決策，有95％來自潛意識。」

顧客並非理性機器，而是情緒與慾望的載體。當顧客購買一款名牌包，他買的不是皮革，而是社會認同與自我肯定；當顧客選擇一臺安全性能高的車，他買的也不是鋼板厚度，而是對家人安全的承諾感。

### 行為經濟學：理性之下的非理性

行為經濟學家丹尼爾・康納曼（Daniel Kahneman）在其著作《快思慢想》中指出，人類在做決策時，同時存在「系統一」的快速、直觀、情緒性決策，與「系統二」的緩慢、邏輯、理性決策。而銷售現場，顧客多半啟動的是系統一。

這意味著，業務若只用數據、規格說服顧客，效果有

限。相反，透過故事、場景化描述、情感連結，才能喚起顧客的決策直覺，進而產生購買動作。

## 動機與需求層次：對應馬斯洛理論

馬斯洛的需求層次理論告訴我們，人的需求從生理、安全、社交、尊重一路遞進到自我實現。顧客的購買動機，往往也對應著這五個層次：

(1)生理需求：如保健品、食品、基礎生活用品，滿足身體的基本需求。

(2)安全需求：例如保險、保全系統、抗風險的投資產品，滿足對未來保障的渴望。

(3)社交需求：如名牌服飾、社群熱門商品，讓顧客在群體中獲得歸屬與認同。

(4)尊重需求：高階精品、頭銜象徵性的服務，滿足自尊與他人尊敬的心理。

(5)自我實現：進修課程、挑戰性旅遊體驗，滿足個人成長與自我超越的渴望。

作為業務，最重要的能力不是只會賣產品，而是辨識顧客當下正處於哪一層需求狀態，再對應提供最貼近的價值提案。唯有對症下藥，銷售才能精準切入，成交才會水到渠成。

## 顧客決策的潛在阻礙：恐懼與不確定性

心理學研究發現，人類在決策時，對「損失」的敏感度遠高於「獲得」的誘惑。這就是為何即使產品再好，顧客仍可能因「買了如果不適合怎麼辦」的恐懼而停下腳步。

因此，業務需要主動解除顧客的不確定性，透過試用、保固、滿意保證、客戶見證等方式，降低顧客的心理風險感，讓決策門檻變低。若顧客無法克服對失敗的擔憂，再好的產品也無法推進銷售流程。

## 決策心理學的實戰應用：案例解析

以某知名健身品牌為例，他們銷售的是高單價的個人訓練課程。業務不會直接推銷課程，而是先了解顧客對身材、健康的焦慮，並透過「想像你減重成功後穿上理想尺寸衣服的樣子」來激發情感動機。再加上成功案例與「如果不行，再免費補課」的承諾，顧客的決策障礙被有效瓦解。

另一個實例來自科技產品銷售。某筆電品牌業務在面對設計師客群時，不再強調 CPU 與 GPU 的數據，而是設計場景：「這臺筆電能讓你在咖啡館也能順暢跑 3D 建模，不再受限辦公室，工作生活無縫接軌。」透過情境勾勒，用戶對產品的渴望被情感驅動而產生購買行為。

## 第一節　決策心理學：顧客的購買背後動力

## ▍如何協助顧客做決策：業務的心理提問法

- ◆ 「您最擔心的點是什麼？」協助顧客說出潛在阻力。
- ◆ 「如果這問題能解決，對您最大的幫助會是？」引導顧客設想產品效益。
- ◆ 「您希望多久內看到效果？」設定期待，縮短決策週期。

這些提問，不僅讓業務深入顧客內心，也幫助顧客自己理清需求與期望，加速決策過程。

## ▍讀懂心理，才能引導購買

顧客的決策不是一道理性的數學題，而是一場心理與情感的賽局。業務要善用決策心理學的洞察，理解顧客的行為動機、需求層次與恐懼點，才能設計出讓顧客自然而然說「我買了」的對話策略。

成交，不是說服對方接受產品，而是讓顧客自己相信，這是最適合他的選擇。這就是決策心理學在銷售中的真正價值。

## 第二節
## 定錨效果與選擇偏誤：設計顧客選擇權

### 理性選擇的假象：顧客決策其實被框住了

當顧客做出「我選擇這個」的決策時，他們以為自己經過了充分比較與分析。但事實上，這樣的選擇往往早已被業務設計好的「選擇框架」給左右。定錨效果（Anchoring Effect）與選擇偏誤（Choice Bias）正是業務可以掌控的心理操作工具。

定錨效果指的是，當人們在做決策時，會過度依賴第一個接收到的資訊，也就是「錨點」。這個錨點會在潛意識中影響後續的判斷與選擇。選擇偏誤則是人類在選擇時，經常會在多選項之中，偏好被設計好的「最佳折衷點」。

### 定錨效果的銷售運用：先開高再讓顧客感覺划算

銷售現場常見的應用，就是「先高後低」。當你第一個報價給出高標，顧客的價格心理就被「定錨」在高價位，後續即使折扣或降價，顧客也會覺得「這樣真的很便宜」。

例如：

- 高級手錶展示櫃先擺 100 萬等級，再擺 30 萬的款式，顧客自然覺得 30 萬「划算」。

- 訂閱服務設計「高級版」在最前,再帶出「經濟版」讓人感覺便宜。

案例:某家具品牌推廣沙發時,先展示客製款價格 25 萬元,再介紹大眾化款式 10 萬元,顧客多半覺得「10 萬不貴」,成交率提升三成。

## 選擇偏誤的策略:設計選項讓顧客自選中意

當顧客面對單一選項時,常因「無法比較」而猶豫。但當有多種選項且刻意設計「誘導選項」時,顧客反而會迅速做決策。這就是選擇偏誤的力量。

方法之一是「誘餌效應(Decoy Effect)」。

舉例:

- 方案 A:500 元／月,功能基本。
- 方案 B:800 元／月,功能全開。
- 方案 C:750 元／月,功能與 A 接近。

顧客在看到方案 C 後,會自動偏向 B,因為「多 50 元就多很多功能」。這種設計讓顧客自己「選」到業務想賣的產品,成交意願也更強。

## 第二章　讀懂顧客心理，打開購買開關

### ▌心理學理論支撐：選擇架構理論

行為經濟學家理查‧泰勒（Richard Thaler）的「選擇架構（Choice Architecture）」強調，設計選項的呈現方式，能大幅影響人們的最終選擇。業務若能掌握選擇架構，就能不著痕跡地引導顧客做出對自己有利的決策。

不論是價格、功能或付款方式，只要搭配設計好的「三明治式選項」，顧客的決策就容易被引導。例如高、中、低三種價格帶，中價格帶常被設計成「最超值」，顧客最終往往選這個。

### ▌臺灣市場的應用案例

臺灣電信業推資費方案，常見「高資費送更多上網流量」的組合設計。業務透過「最貴方案全配、最便宜方案限制多」的方式，讓消費者自動選擇中間資費。這不僅提升了單價，也讓顧客感覺自己做了「聰明選擇」。

再如知名咖啡連鎖，杯型設計成中杯、大杯、特大杯，多數人選大杯，因為「比中杯貴一點，但比特大杯實在」，這正是選擇偏誤的結果。

## 業務應用的實戰技巧

懂得銷售心理的業務，從不只靠話術，更善用決策心理學設計成交策略。以下 4 個實戰技巧，能讓你在推進成交時更得心應手：

### 1. 先報高再降價

透過「對比效應」，先開高價再給折扣，讓顧客感覺自己占了便宜，產生心理優勢感。

### 2. 設計三段式選項

提供基本、進階、尊榮三種方案，並透過價值堆疊強調「中間方案最划算」，引導顧客自然選中間。

### 3. 用比較導向說明

將不同產品的功能與價格進行對照，讓顧客在比較後得出「選這個最好」的結論，形成自主選擇的錯覺。

### 4. 創造誘餌產品

刻意設計一個 CP 值低的選項，作為誘餌，誘導顧客選擇你真正想賣的那款，這是行銷心理學中的「誘餌效應」。

這些技巧背後都基於心理學理論，讓顧客的選擇看似自由，實則早已在你的設計之中。熟練運用，成交就不再靠運氣，而是可被複製的專業策略。

## 業務是選項的設計師

顧客以為自己是自由選擇,其實早已被業務設計的選項給框定。真正的銷售高手,不是單純推銷產品,而是設計顧客的選擇權,用定錨效果與選擇偏誤,讓顧客心甘情願地做出你希望的決策。

透過心理學與行為經濟學的運用,業務不僅提升了成交率,也讓顧客在「我自己選的」的自信中,成為忠實買家。

# 第三節　情緒是決策的引信

## 決策背後的隱形推手:情緒

顧客做購買決策的時候,表面看似理性,但背後往往被情緒主導。情緒是決策的引信,當顧客的情緒被點燃,他的決策行為就會加速。心理學家安東尼奧・達馬西奧(Antonio Damasio)在研究中指出,沒有情緒參與的人,幾乎無法做出決策。情緒不只是影響判斷,它就是驅動判斷的引擎。

## 情緒影響力的心理學依據

根據情感啟發法,人們在決策時,會迅速用當下的情緒感受來評估風險與利益。換句話說,當顧客對產品的感受是「開

心」、「興奮」、「期待」，他下決定的速度與積極度都會提升。反之，若是「懷疑」、「不安」、「焦慮」，決策就會延遲甚至中止。

## 業務如何點燃顧客情緒

### 1. 營造願景與畫面感

幫助顧客想像使用產品後的美好情境。例如：「想像一下，當你走進會議室，手上這枝頂級鋼筆，自信感油然而生，談判自然更順利。」

### 2. 用故事打動人心

透過其他顧客的成功故事或改變經歷，引發情緒共鳴。「我有個客戶用了這方案後，業績提升了30％，現在同事都在學他的做法。」

### 3. 設計情緒觸發點

透過限時、限量或稀缺感，激發顧客的焦慮與行動力。「這個優惠只有今天，我真的不希望你錯過。」

### 4. 同理心式對話

透過同理顧客的需求與痛點，建立情感連結，如：「我明白這類系統過去讓你吃了不少苦，所以我們特別針對這點設計了更簡單的操作流程。」

## 情緒驅動的行銷應用案例

某精品咖啡品牌在推廣時,不只是強調咖啡風味,而是強調「一杯咖啡,開啟優雅的晨間時光」。讓顧客不只是買咖啡,而是在買一種生活方式與儀式感。這種情緒營造,讓顧客對產品產生超越功能的依賴。

汽車銷售亦是如此,高階車款業務不會只談性能,而是:「當你開這臺車,別人對你的眼光不一樣。」情緒帶來的自尊與成就感,遠比冷冰冰的馬力數據更有殺傷力。

電子產品銷售也是一例。Apple 在每一次新品發表會,都不只是展示產品規格,而是透過場景敘事:「這不只是一支手機,這是你創造回憶、連結世界的夥伴。」讓消費者產生對品牌的情感依賴,從而形成購買動機。

## 情緒管理:業務本身的情緒感染力

業務本身的情緒狀態也會影響顧客。鏡像神經元理論指出,人在對話時會下意識模仿對方的情緒。如果業務充滿熱情、自信、正能量,顧客也會被感染,情緒逐漸高漲,自然提高購買意願。

反之,若業務自己說話無力、提不起勁,顧客的決策情緒也會冷卻。銷售過程中,業務必須時時掌握自己的情緒狀態,讓情緒成為說服的利器。

此外,業務的情緒穩定度也是影響成交關鍵。顧客在談判或猶豫時,業務若能維持鎮定、包容與持續積極的態度,就能給顧客心理安全感,進一步推動決策。

## 情緒決策與長期關係的培養

短期促成交易靠情緒引爆,長期維繫顧客則靠情緒記憶。顧客對於產品與品牌的記憶,多半是「我當初買的時候很開心」、「那個業務真的讓我感覺被重視」。這些正面情緒記憶會讓顧客產生品牌忠誠度,甚至樂於轉介紹。

而業務若能透過節日問候、生日祝福、成交後的關懷,持續維繫情緒連結,就能讓顧客在無形中對業務產生情感依賴,從一次交易變成長期信任。

## 掌握情緒,才能掌控決策

業務若懂得運用情緒的力量,就能在每一次銷售對話中,不只賣產品,更是在賣一種情緒體驗。當顧客的情緒被點燃,決策就會變得自然而然,甚至是急迫的需求。

記住,顧客買的不是產品,是情緒的滿足。學會用情緒撬動顧客的心,銷售的開關才真正被打開。情緒不只是開場的點燃劑,更是成交後長期關係的燃料。

當業務把每一次對話當作情緒連結的機會,顧客的購買,就不只是選擇產品,而是在選擇一種被理解與被尊重的感覺。

第二章　讀懂顧客心理，打開購買開關

# 第四節　損失厭惡：讓顧客害怕錯過

## 人性中的避損本能：損失厭惡效應

顧客在做購買決策時，影響力最強的心理因素之一，就是損失厭惡（Loss Aversion）。這個由行為經濟學家丹尼爾・康納曼（Daniel Kahneman）與阿摩司・特沃斯基（Amos Tversky）提出的理論指出：人們對於損失的痛苦，遠大於獲得的快樂。簡單來說，失去 100 元的痛苦，遠超過得到 100 元的快樂感受。

這種心理機制讓人傾向保護現有的資源與利益，避免未來可能的損失。銷售現場若能善用損失厭惡，讓顧客感覺「不買就會有損失」，就能有效推動決策。

## 損失厭惡的實際應用：讓顧客意識風險與代價

業務在推銷時，若只強調產品帶來的好處，顧客反應可能平淡。但若換個說法，強調「不採用的後果」，顧客的感受會截然不同。例如：

- 保險銷售：與其說「這份保單幫你累積資產」，不如說「一旦意外發生，沒有保障的家人會陷入困境」。
- 健身方案：不只說「健康體態」，而是「如果現在不改變，未來醫療費用跟生活品質會嚴重下滑」。

## 第四節　損失厭惡：讓顧客害怕錯過

當顧客開始意識到「如果不買會怎樣」，購買的急迫性就出現了。

### 限時、限量：讓損失感變得具體

限時、限量的促銷手法，正是基於損失厭惡。當業務告訴顧客：「這優惠只到今天」、「只剩三個名額」，顧客心中就會浮現「錯過就沒了」的焦慮。

這種做法的關鍵在於讓損失感「可見」，讓顧客明確知道錯失的代價。例如：

- 限時倒數優惠，讓顧客看到時間流逝的壓力；
- 特別版本或贈品，錯過就無法再擁有的獨特性。

### 房仲業的損失厭惡操作

房地產業務常用「這間物件已經有三組人在看，如果您不把握，很可能錯過」來製造損失感。這種話術喚起了顧客的競爭意識與恐懼心理，使得決策時間大幅縮短。

此外，某健檢中心推「年度早鳥健檢」，若錯過優惠價，明年就要用原價，結果每年早鳥名額總是被搶購一空。

## 誘發損失感的四大話術技巧

（1）機會不等人：「這項方案只開放到月底,錯過就要等明年。」

（2）錯過成本：「錯過這次優惠,等於多花20%預算。」

（3）他人競爭：「這商品已經很多人詢問,再晚一步可能就沒了。」

（4）風險顯性化：「如果沒有這項保障,未來遇到狀況後果很難承擔。」

## 業務的責任：善用損失厭惡而非恐嚇

需要注意的是,損失厭惡的應用要建立在真實基礎上。業務不該用過度渲染的恐嚇話術,否則容易讓顧客產生反感,甚至失去信任。

正確的做法是：

- ◆ 誠實揭露市場現況與風險；
- ◆ 提供具體數據與案例,讓顧客自己感知風險；
- ◆ 給顧客適度的思考空間,而非施壓。

## 讓顧客知道不買的代價

顧客購買，不僅僅是因為產品帶來的好處，更是害怕錯過、害怕未來後悔。業務若能善用損失厭惡效應，讓顧客意識「不買會有什麼後果」，銷售的推進力將大幅提升。

記住，成交的關鍵，不只是讓顧客知道買的好處，而是清楚不買的代價。當顧客對錯過的恐懼大於對價格的猶豫時，決策就不再遲疑。

# 第五節
# 「從眾效應」與社會認同的引爆點

## 從眾效應：群體影響下的購買行為

顧客在做決策時，經常不是基於自己的理性判斷，而是看「別人怎麼選」。這種行為心理學上的從眾效應，指的是當一個人看到群體中多數人都做出某種選擇時，會不自覺地跟隨，即使內心原本並不完全認同。

這種效應背後的動力是社會認同需求。人類天生有尋求群體認可的傾向，尤其在資訊不足或判斷困難的情境下，更容易透過「跟著大家」來減低決策風險。

第二章　讀懂顧客心理，打開購買開關

## 社會認同：用群體行為創造安全感

社會認同是指人們在不確定時，會以別人的行為作為自己的行動依據。銷售現場若能展示「有多少人已經選擇」、「知名人士也在用」，就能讓顧客感覺這是「被多數人認可的選擇」，降低顧客的猶豫感。

舉例：

- 網購平臺標示「本月銷售冠軍」、「熱銷超過 1 萬件」。
- 餐廳門口排隊，讓路人認為「這家一定很好吃」。
- App 顯示「已有超過 500 萬人下載」。

這些資訊都在強化一個訊號：「大家都在用，你也該試試。」

## 臺灣市場的從眾效應案例

以臺灣手搖飲市場為例，當某品牌新品上市時，若媒體報導「三天賣破 10 萬杯」，即使產品尚未體驗，顧客也會因為「這麼多人都買了」而產生好奇與購買慾望。這正是從眾效應與社會認同的雙重作用。

再如線上課程平臺，當業務在推銷時，若能說「這門課已經有 3,000 名學員，很多人完成後薪水翻倍」，顧客對於課程的信心與決策意願也會明顯提升。

## 第五節 「從眾效應」與社會認同的引爆點

### 從眾效應的話術與技巧

(1)數據背書:「這產品去年在臺灣銷量突破 10 萬臺。」

(2)知名客戶效應:「多家上市公司都採用我們的解決方案。」

(3)排行榜與評比:「在業界評比中連續三年奪冠。」

(4)使用者分享:「我們有超過 500 位客戶的見證與好評。」

透過這些話術,不僅讓顧客感覺「別人都選了」,還能間接建立產品的市場地位與專業形象。

### 業務如何創造社會認同氛圍

(1)收集與展示客戶好評與成功案例:把客戶見證做成案例分享,定期更新在官網或業務簡報中。

(2)舉辦使用者分享活動:邀請滿意顧客分享使用心得,透過顧客說服顧客。

(3)善用數據行銷:例如「去年我們幫助了 300 位客戶降低 30%的營運成本」,讓數據說話。

(4)結合媒體與 KOL 背書:透過第三方權威或網紅的推薦,強化社會認同感。

## 第二章　讀懂顧客心理，打開購買開關

### ▌從眾效應與品牌塑造的連動

一個產品或服務的成功，不僅僅是因為功能優勢，更多是因為它被賦予了「主流認同」的品牌印象。當顧客感覺「不跟上就落伍」、「大家都在用我也要有」，這不只是消費，而是一種社會地位的確認。

如臺灣電商常見的「雙 11 購物節」、「週年慶」等促銷，都是透過集體搶購氛圍，強化從眾與認同的驅動，讓顧客因不想錯過群體熱潮而下單。

### ▌用群體行為影響個體決策

銷售的本質，是影響力的競賽。當業務懂得運用從眾效應與社會認同，不只是說服顧客，更是在創造一種「錯過就不合群」的心理壓力。

記住，顧客不只是買產品，他們買的是安全感、社會認可與心理歸屬。當你在銷售中讓顧客看見「別人都選了」，他們的決策也就更容易水到渠成。

## 第六節
## 認知失調：讓顧客自己說服自己

### 認知失調：顧客內心的矛盾拉鋸

在銷售過程中，當顧客對產品產生興趣，卻又猶豫不決時，往往是因為內心產生了認知失調（Cognitive Dissonance）。這是心理學家利昂・費斯廷格（Leon Festinger）提出的理論，指的是當一個人擁有兩種相互衝突的信念或價值觀時，會產生心理不適，進而尋求調和的方式來降低不舒服感。

對業務來說，這是一個絕佳的切入點。當顧客在「好像很需要」與「要不要買」之間拉扯時，業務只要稍加引導，就能讓顧客自己找理由說服自己買單。

### 創造失調，引導顧客思考

業務的第一步，是適度地創造顧客的認知失調。例如：

- 「您剛說希望下半年能提升營收，但目前的流程效率是不是還有點問題？」
- 「您提到希望產品更安全，但目前的保護措施真的足夠嗎？」

## 第二章　讀懂顧客心理，打開購買開關

透過提問，業務讓顧客意識到現狀與理想目標之間的差距，心理上的不平衡感就會驅使顧客開始尋找解決方案，而這個時候，業務的產品或服務就成了「平衡解方」。

## ▎讓顧客自己說出口的力量

當顧客自己說出問題點與需求時，心理上就會產生「我已經承認了」，接著就不自覺地尋求一致性的行為。這是一致性原則（Consistency Principle），人們會傾向讓自己的話語與行為一致。

例如：

- ◆ 業務：「您覺得哪些功能對您目前最急迫？」
- ◆ 顧客：「我們目前最需要的是整合數據的能力。」

當顧客講出這句話，他內心的決策天秤就開始傾向「既然我需要，那是不是該買？」

## ▎案例：顧客自己說服自己的現場實例

某位企業系統銷售業務，遇到客戶遲遲不決時，會問：「如果不改善現在的系統，您覺得公司未來半年會有什麼樣的挑戰？」

客戶回答：「可能資料分析還是會很零散，決策會慢。」

## 第六節　認知失調：讓顧客自己說服自己

業務再跟進：「那這樣是不是會影響你們的市場反應速度？」

當客戶認同後，業務再提出：「所以我們的解決方案，正好可以幫您把數據整合，決策就快了。」這樣一來，客戶等於自己證明「我需要這個方案」。

## 提問引導的技巧：三步驟

(1) 釐清目標：「您希望今年達成哪些業績目標？」

(2) 點出差距：「目前流程上有哪些阻礙您覺得最棘手？」

(3) 確認痛點：「如果不處理這點，對營運會有什麼影響？」

這三步驟讓顧客清楚看見現況與目標的落差，產生認知失調，進而尋求解決方案。

## 業務的角色：催化而非強壓

業務銷售的本質，從來都不該是「強行說服」，而是扮演顧客心理的催化劑。當顧客自己意識到問題的存在，且認同「必須改變」的需求，購買的決定權就會回到顧客手中，這種狀況下，業務無須再透過各種施壓手段。

催化的關鍵在於協助顧客「看見」與「釐清」。美國心理學家卡爾·羅傑斯（Carl Rogers）曾提出，真正的改變來自當

事人對自我問題的深入覺察,銷售亦然。若顧客感知到痛點、機會或渴望被實現,購買行動就成為「自我選擇」,而非被推銷的結果。

因此,頂尖業務的價值不在於話術多麼精妙,而是掌握提問、同理與引導的能力。讓顧客自己說出問題、理解選項、想像未來改變的樣貌,最終產生「我決定購買」的心理認同。

這不僅是銷售,更是影響與信任的建立。

## 讓顧客成為自己決策的推手

銷售的真諦,不是「我告訴你這很好」,而是「我協助你看見,為什麼你自己需要」。當業務懂得運用心理學中的認知失調理論,透過提問設計與對話引導,顧客會在心裡悄悄展開自我對話,進而自行完成說服的過程。真正促成成交的,從來不是業務的口才,而是顧客自己說服了自己。

頂尖業務深知,銷售不是一場勝負遊戲,不該設法「贏過」顧客。高段位的業務,是懂得讓顧客站在你這邊,從「我」和「你」變成「我們」,與顧客並肩,找到對彼此都有利的最佳解。

## 第七節　一秒吸睛的心理話術

### 顧客的注意力只給一秒鐘

在資訊爆炸的時代，顧客每天接收數百甚至上千則來自廣告、社群、業務的訊息。要在這樣的訊息洪流中脫穎而出，業務開場的第一句話就必須具備「一秒吸睛」的能力。心理學中的選擇性注意（Selective Attention）理論指出，人類對於能立即與自己相關的訊息，才會下意識留心。業務要做的，就是在第一句話就打中顧客的「關聯性雷達」。

### 一秒吸睛的關鍵公式

要吸引顧客注意，開場話術需符合以下公式：

利益＋時效性＋解決問題＋簡潔有力

例如：

- 「三分鐘內，我可以讓您知道怎麼一年省下20%的人力成本，方便聽我說一下嗎？」
- 「您最近是否也在煩惱客戶流失？我們剛幫類似產業的企業三個月內穩住客戶黏著度。」

這樣的開場不只明確告訴顧客「對你有好處」，還設下「只要短時間」的心理暗示，降低顧客的防衛心，願意聽下去。

第二章　讀懂顧客心理，打開購買開關

## ▍問題導向的吸睛法

心理學研究顯示，問題句比陳述句更能引發人類的思考。這與蘇格拉底式提問的哲學邏輯相呼應，當一個人被提出問題時，大腦會自動啟動尋找答案的機制。美國心理學家羅伯特・席爾迪尼（Robert Cialdini）在《影響力》一書中也提到，透過引導式提問，能讓對方主動參與思考，進而提高認同感與參與感。

因此，業務開場若設計成問題，不僅容易吸引顧客注意，更能促使對方在腦中搜尋相關經驗，自然聚焦於你所設定的議題。例如：

◆ 「您是否也遇過產品報價後，客戶就再也沒消息的情況？」
◆ 「貴公司的倉儲成本，今年是否比去年還高？」

當顧客心中浮現「對啊，好像是這樣」的想法，業務話語權也就在這瞬間被建立起來了。

## ▍故事開場：用情境快速抓住注意力

「上個月有家製造業的客戶找上我，他們的產線因故停擺了三天，直接損失超過五百萬元。」

這樣的開場能快速吸引顧客注意，因為背後運用了敘事心理學（Narrative Psychology）的原理。人類對故事有著天生

的敏感度，故事本身自帶懸念與情境感，能迅速喚起對方的情緒參與，讓人不自覺進入情境、代入角色，從而留下深刻印象。比起單純陳述事實，帶著情節的敘事更容易讓顧客記住你，也更快讓對話產生連結。

## 數據開場：用數字衝擊顧客感官

「我們的方案，平均幫客戶把庫存週轉天數降低了30%。」

具體的數字，比任何抽象的形容詞都更具說服力。因為數字會讓顧客感受到「這是真的，有憑有據」，而不只是業務的口頭承諾。尤其當數字的幅度異常突出時，顧客往往會忍不住多問幾句，這正是業務打開深入對話的最佳切入點。

## 臺灣在地實例：電商業務的秒殺話術

有位臺灣電商的業務在推銷企業數位轉型方案時，開場白是這麼說的：「我們最近幫臺灣三大電商之一，兩個月內就把回購率提升了40%。如果您有興趣，只要三分鐘，我可以跟您分享我們是怎麼做到的。」

這樣的開場，巧妙結合了三個關鍵元素：

◆ 知名企業的背書，提升信任感
◆ 具體的成效數據，強化說服力
◆ 時間的明確承諾，降低顧客的心理成本

## 第二章　讀懂顧客心理，打開購買開關

當顧客聽到「只花三分鐘」就能了解提升回購率 40％ 的方法，幾乎很難拒絕。因為這樣的邀約成本極低，卻隱含著高報酬的潛力，業務也因此順利爭取到進一步對談的機會。

### 業務應養成的話術練習

（1）依據不同客戶群，設計專屬的吸睛開場，讓對方一聽就知道「這跟我有關」。

（2）把好處、數據或成功案例，直接轉化為開場的第一句話，先抓住對方的注意力。

（3）練習用問題或故事開場，創造對話的參與感，讓顧客自然而然被帶入情境。

（4）不斷測試與調整，找出在不同產業、不同職務角色面前，最有效的開場話術。

### 抓住開場，贏得全場

銷售對話的開場，決定了顧客願不願意繼續聽你說下去。頂尖業務懂得在一秒內打動顧客的心，透過問題、數據、故事或直接點出對方的利益，快速對焦顧客的需求與痛點。

記住，第一句話如果不夠精采，後面連表現的機會都沒有。持續鍛鍊你的「一秒吸睛」話術力，讓每一次銷售對話，從開場就贏在起跑點。

# 第三章
# 找對人：客戶開發的策略與實戰

## 第三章　找對人：客戶開發的策略與實戰

### 第一節　有效客戶的辨識標準

#### 銷售前的第一步：辨識有效客戶

在業務的開發過程中，最常見的迷思就是「見客戶如撿到寶」，但真正的頂尖業務懂得：不是每個客戶都值得花時間深耕。若無法清楚辨識誰是有效客戶，業務再勤奮也只是瞎忙。

有效客戶，指的是那些「有潛在需求」、「有預算能力」、「有決策權或影響力」的對象。業務要做的，不是與所有名單接觸，而是找到真正有可能轉換成訂單的人。

#### 三大核心標準：需求、能力、決策力

1. **需求明確或潛在需求強烈**

- 顧客是否正在面對某個問題，而你的產品恰好能解決？
- 他是否對解決方案展現過興趣？

2. **支付能力與預算規模**

- 再好的需求，若顧客沒預算，一切白談；
- 業務需透過簡單的詢問與市場背景調查，確認對方具備購買力。

## 3. 決策權或影響決策的實力

◆ 直接決策者、預算負責人,或對決策者有影響力的關鍵人;
◆ 如果對方無權決策,只是聽聽,那再多努力也無法成交。

## 臺灣市場的辨識方法:用行業背景快速過濾

以臺灣 B2B 市場為例,業務在開發客戶時,常透過以下指標初步篩選:

◆ 產業規模:公司年營收是否達到門檻?
◆ 員工數量:規模展現潛在需求。
◆ 近期動態:公司是否有擴張、數位轉型、海外布局等計畫。
◆ 公開採購紀錄:政府或大型企業常透過公開資訊,顯示其採購需求與能力。

## 業務的探詢技巧:提問確認有效性

(1)「您們公司目前在這方面有什麼樣的需求或計畫?」

(2)「預算規模大概落在哪個區間?」

(3)「這樣的方案,通常貴公司由哪個部門決策?」

這三個問題,可以幫助業務快速掌握對方的需求、預算與決策流程,從而判斷眼前的客戶是否具有成交潛力,避免無效拜訪,精準把時間花在對的人身上。

## 第三章　找對人：客戶開發的策略與實戰

### ▍有效客戶與時間配置的黃金法則

80/20 法則告訴我們，80％的業績往往來自 20％的客戶。頂尖業務會將 80％的時間放在「最有成交可能」的客戶上，而將 20％的時間維持廣度開發。

例如：

◆ 針對已確認有需求、有預算的客戶，每週固定追進度。
◆ 對於需求模糊但潛力高的客戶，設立定期關懷與資訊提供節奏。

### ▍避免迷思：高知名度不代表高轉換

不少業務常誤以為「大企業」、「知名品牌」就是好客戶。但實際上，若該企業已經有固定供應商、決策鏈條複雜，反而成案難度高。

相反，一些中型企業、快速成長的新創，決策靈活，反而更容易成交。業務在辨識有效客戶時，不應只看知名度，更要看「成交機率」。

### ▍有效客戶的六個行為指標

為了讓業務更快速地判斷有效客戶，以下六個行為跡象可以作為參考：

（1）主動詢問產品細節：對規格、功能細節感興趣，表示有實際使用考量。

（2）頻繁回應或主動聯繫：顧客若願意回電、回訊息，代表意願與重視度。

（3）提出特定需求或客製化需求：開始思考與自身需求的對接，顯示高度意願。

（4）關心付款條件或交付時間：顧客開始考量實際交易細節，是接近成交的指標。

（5）要求參考客戶或成功案例：顧客若主動要案例，代表進入評估比較階段。

（6）要求進一步方案或報價：願意討論方案，表示已認同產品價值。

業務可針對這些行為設計標準化追蹤紀錄，並設定不同的跟進策略，提升資源分配的精準度。

## 會選客戶，才是聰明的業務

在銷售戰場上，時間就是成本。業務必須有能力快速判斷：誰值得我花時間？誰只是耗損精力的干擾？

記住，辨識有效客戶，是提升業績、降低銷售成本的第一步。找對人，才能贏對局。聰明的業務，不是跑得最多的人，而是懂得用時間下注在「對的人」身上，讓努力轉化為高報酬。

第三章　找對人：客戶開發的策略與實戰

## 第二節　潛客篩選的三段式法則

### ▌潛客開發不能全數進攻

業務開發客戶時，最常陷入的陷阱之一，就是把手上的潛在客戶名單當成「全民運動」，不分青紅皂白地一一接觸，結果浪費了大量時間與精力，卻只換來低轉換率的挫敗感。

事實上，潛在客戶（簡稱潛客）也需要經過篩選，才能確保業務的開發資源投入在最有機會的對象上。這就是「三段式篩選法則」的必要性。

### ▌第一段：表層篩選 —— 資料過濾與市場定位

這一階段是從廣泛名單中，透過客戶基本資料與行業背景進行初步過濾。常用的標準包括：

◆ 產業類型：是否屬於你的產品擅長解決的領域？
◆ 公司規模：員工數、營收、分店數。
◆ 地區範圍：是否符合你的業務服務區域。
◆ 預算指標：是否有潛力具備支付能力。

例如：若你是賣工業自動化設備的業務，首選應是臺灣的製造業與加工產業，而非純服務業。透過這一層過濾，約可刪除 30%～40% 明顯不適合的名單。

## 第二段：需求探索 —— 釐清痛點與需求意願

當潛客進入第二層後，業務需要透過市場調查、公開資訊與主動聯絡來判斷對方是否具備需求意願。核心判斷方式包括：

◆ 是否近期有擴張、轉型、改善流程的計畫？
◆ 是否對競品有採購紀錄？
◆ 在公開場合或媒體有無提及某類痛點？

此階段的業務問句範例：

◆ 「我們注意到貴公司今年有在推動智慧工廠，請問在設備更新上，有沒有遇到什麼瓶頸？」
◆ 「您們在數位轉型上，現在採用的工具有沒有遇到限制？」

這一層篩選可以淘汰掉需求不明或短期內無意願的潛客，集中資源在「有點興趣但還沒啟動」的群體。

## 第三段：決策力評估 —— 掌握影響力與決策時間點

最後一段篩選，是確認潛客內部的決策鏈與時機點。哪怕有需求，若預算尚未編列、決策者遲遲不參與，或內部主導人員影響力薄弱，業務就得慎重評估投資資源的優先度。

## 第三章　找對人：客戶開發的策略與實戰

實務上，可透過以下方式判斷：

- ◆ 對方是否願意安排決策者參與會議？
- ◆ 有無主動詢問預算、付款或導入時間？
- ◆ 願意提供更深入的內部需求細節。

若潛客在這一層展現積極回應，即屬於高優先跟進名單。

## 業界實例：科技業的三段式篩選應用

某家軟體 SaaS 企業，針對新創公司提供營運數據工具。他們的業務開發策略：

- ◆ 透過經濟部公開的新創補助名單，初篩出資本額高的企業（表層篩選）；
- ◆ 探詢這些公司近期是否有獲投資或擴張計畫（需求探索）；
- ◆ 聯絡窗口時，明確詢問：「請問貴公司決策權通常集中在誰手上？」並同步要求與 CTO、COO 溝通（決策力評估）。

透過這三段式，他們將原本 500 家名單，濃縮成 80 家重點培養的潛在客群，轉換率提升超過三倍。

## 業務的追蹤管理：分級經營潛客

配合三段式篩選，業務應建立潛客分級制度：

- ◆ A 級潛客：有明確需求、預算、決策人參與，主力開發。
- ◆ B 級潛客：有需求但預算未確定，需定期追蹤與培養關係。
- ◆ C 級潛客：目前無需求或決策遙遙無期，建立資訊維繫與定期檢視。

透過這種分級管理，業務可避免「對所有客戶一視同仁」，導致高潛力客戶被稀釋關注度。

## 篩選就是效率

在客戶開發上，篩選比狂撒網更重要。三段式篩選法則，幫助業務用最科學的方式，逐層遞減無效潛客，把有限的時間、精力與資源，投資在最有可能成交的對象上。

記住，業務不是做多少，而是做對人。

接下來的節奏，才是真正提升成交率的開始。

## 第三節　陌生開發話術設計

### 陌生開發：業務最艱難的戰場

對多數業務而言，陌生開發是銷售過程中最具挑戰的階段。因為你要面對的是對你、對你的公司，甚至對你的產品完全不認識的客戶。此時，如何在短短幾秒內引起對方注意、打開對話的第一道門，甚至爭取到進一步的見面或深度對談，話術的設計就成了決勝的關鍵。

開場話術不只是一句話，而是能否讓對方願意給你「多聽幾分鐘」的入場券。掌握這門技術，陌生開發才不再只是碰運氣，而是有策略、有節奏的開局制勝。

### 開場三要素：信任、利益、時間成本

陌生開發的開場話術，需同時滿足三個條件：

- 建立信任感：我是誰，為何你該聽我說。
- 直接給利益：我能為你解決什麼問題。
- 時間承諾低：只需花你一點點時間。

範例開場：

「您好，我是專門協助製造業提升數據整合效率的顧問，

三分鐘讓我快速介紹我們怎麼幫客戶降低 30%的生產成本，好嗎？」

## 問題式開場：引起共鳴與參與

心理學研究證明，當對方被問題觸動時，會更專注傾聽。

例如：

「請問貴公司在客戶資料整合上，是否也遇到不同系統之間無法對接的困擾？」

這種開場，讓對方不自覺回顧自身情況，若答案是肯定的，後續的話題就自然展開。

## 故事式開場：用案例先入為主

「我們最近剛協助一家和貴公司規模相近的企業，透過流程優化把交期縮短了 20%。方便了解一下您們有沒有這樣的需求？」

故事讓人有代入感，尤其是用「類似的企業」作為開場，讓對方產生「我應該聽聽看」的心理。

## 臺灣市場的成功話術案例

某臺灣中小企業的 B2B 業務，陌生開發客戶時，常用以下結構：

- 身分＋信任：「您好，我是臺灣最大的工業數據優化方案供應商之一。」
- 同行案例：「我們最近幫臺中加工廠客戶節省了20%的設備維修費用。」
- 時間承諾：「我只花您五分鐘介紹，若您有興趣再深入聊。」

這樣的話術結構，提升了電話接聽率與見面成功率。

## 應對拒絕的話術設計

即便設計好開場話術，陌生開發中仍會常遇到拒絕。此時，業務需備好緩衝話術：

- 「我了解您現在忙，不如這樣，我寄一份我們成功案例的資料給您，您覺得如何？」
- 「我不是來賣產品的，單純想了解您目前在這塊的困擾，看能否給些協助。」

用資訊交換、純了解的立場，降低對方的防衛心。

## 情境練習與話術範例

業務應針對不同產業、不同職位對象，設計對應的話術範例。例如：

- 對 CEO：「我們的方案能讓您在三個月內清楚看到營運瓶頸，協助決策。」
- 對 IT 主管：「我們可幫助整合您現有的數據系統，無需重新建置。」

透過不同話術，讓對方快速理解「這與我有關」。

## 話術是陌生開發的破冰器

陌生開發從來不是硬推銷，而是透過精準有感的話術，讓對方心裡想著：「聽你多說幾句，或許也不吃虧。」

記住，陌生開發的話術設計要做到三件事：

- 開門見山 —— 讓對方一聽就知道你來意何在；
- 利益清晰 —— 第一時間說明，對方能從你這裡得到什麼好處；
- 時間成本低 —— 讓對方知道，不用花很多時間就能了解重點。

每一次開場，都是一次品牌與專業形象的投射。開場話術設計得好，才有資格走到深入對話的下一步。開不好，就連被拒絕的理由都輪不到你聽見。

## 第四節　用社群與內容創造引流

### ▍引流的核心：讓客戶主動找上門

在數位時代，業務開發不再只靠打電話、拜訪，更多是透過社群與內容創造吸引力，讓客戶主動靠近。現代顧客購買前，習慣先上網搜尋、看評論、看業內人士的觀點。因此，若業務能透過社群經營與內容產出占據客戶的資訊接觸點，引流效果將遠優於傳統陌生開發。

### ▍社群經營的三大關鍵

#### 1. 選對平臺

不同行業適合的平臺不同，B2B 產品多聚焦 LinkedIn、Facebook 專業社團、LINE 官方帳號；B2C 則以 Instagram、YouTube 為主。

#### 2. 穩定的專業內容產出

持續分享產業洞察、解決方案案例、趨勢觀點，讓你在社群中形成專業形象。

#### 3. 互動與關係維繫

回覆留言、參與討論，建立對話的習慣，讓潛在客戶感受到業務的存在感與親和力。

## 內容行銷的引流策略

(1) 撰寫白皮書、產業報告：透過深入分析，讓潛客願意留下聯絡資訊換取下載。

(2) 案例分享與見證文章：顯示真實客戶的成功故事，讓潛在客戶產生「我也想要這樣的結果」的心理。

(3) 短影音與直播互動：透過影片或直播，快速建立信任感與熟悉度，尤其在 B2C 市場特別有效。

## 市場實例：社群引流的成功案例

某企業軟體銷售團隊，透過 LinkedIn 每週分享產業趨勢與數據洞察，短短半年內，主動聯絡的潛在客戶數量成長了 40%。透過這些內容，他們在潛客心中建立了「業內專家」的定位，大幅提升初次接觸時的信任感。

## 結合社群與 CRM，讓引流更精準

業務可將社群互動與內容行銷產生的名單，導入 CRM 系統，透過標籤分類：

- 高互動潛客
- 有留言詢問潛客
- 下載資料潛客

再依互動程度設計不同的跟進腳本與頻率,讓社群產生的「冷流量」逐步被培養為「熱名單」。

### 業務個人品牌:無形的引流資產

社群時代,每位業務都應打造自己的個人品牌。持續產出專業內容的業務,不僅是產品的代言人,更是解決方案的提供者。當客戶對你產生「這個人值得信任」的印象時,成交率自然水漲船高。

### 引流不只是曝光,而是價值累積

透過社群與內容,業務不再只是銷售員,而是顧問、是意見領袖。當你在客戶心中占據了知識與價值的高地,引流就不再是業務的單打獨鬥,而是讓客戶主動找上門的循環生態。

## 第五節　從既有客戶挖轉介紹

### 轉介紹:最具成本效益的開發方式

開發新客戶往往需要大量時間與成本,但若能善用既有客戶的轉介紹,開發效率與成功率將顯著提高。心理學中的社會認同理論指出,人們對朋友或熟人推薦的產品與服務,

更容易信任與接受。因此,轉介紹不僅是行銷手段,更是業務口碑的延伸。

## 為何既有客戶會願意轉介紹?

(1)滿意的服務體驗:當客戶因業務的專業與服務獲得良好體驗,自然願意主動推薦。

(2)增強人際關係的榮譽感:當客戶推薦成功,會有「我幫朋友找到好東西」的社交價值感。

(3)獎勵機制的激勵:透過回饋機制,讓客戶在轉介紹中也能獲得實質利益。

## 三步驟打造有效轉介紹流程

### 1. 確認滿意度

透過回訪、滿意度調查,確認客戶的使用或服務體驗是否正向。

### 2. 設計轉介紹話術

「如果您覺得這次的合作有幫助,不知道您是否有朋友或業界夥伴,也有類似的需求?」

「很多像您這樣的企業,後來也介紹了他們的策略夥伴,雙方合作成效都很好。」

### 3. 建立獎勵制度

如成功轉介紹成交，客戶可獲得折扣、回饋金、專屬贈品等，提升轉介紹的積極性。

## 市場實例：轉介紹的操作技巧

某保險業務員，利用「家庭保單健檢」服務，協助客戶全家檢視保障缺口，再透過「家人也需要完善規劃」的話術，順利讓客戶介紹配偶、父母，甚至朋友群。這種以關懷為出發點的轉介紹，不僅提升成交，也讓客戶更願意主動幫忙。

另一位企業顧問則在每次專案結束時，主動詢問：「這次專案如果您覺得滿意，您覺得業界還有哪些夥伴會需要這樣的服務？」並搭配提供轉介紹的感謝禮，讓顧問的客戶介紹率高達 35%。

## 業務個人品牌與轉介紹的加成效應

若業務平時在社群上經營專業形象，當客戶介紹朋友時，朋友上網搜尋能看到業務的專業文章、案例分享，自然增加信任感與成交率。這就是個人品牌與轉介紹的雙軌並行優勢。

透過持續的專業曝光，如 LinkedIn 上的業界觀點分享、部落格的案例分析、YouTube 的行業教學，當客戶介紹新朋友時，對方會因網路上的專業痕跡而降低戒心，提升初次接觸的成功率。

## 應對客戶轉介紹的抗拒點

不少客戶會擔心轉介紹會讓朋友「被推銷」，因此業務應表明：「您可以先簡單介紹，我們會先了解對方需求，不合適也絕不強求。」這種尊重感讓客戶無後顧之憂。

另外，也可設計「雙重回饋」機制，讓被介紹人也享有特別優惠，如：「朋友的第一筆交易有 9 折優惠，介紹人也能獲得購物金或服務升級。」這樣的設計，讓轉介紹變成雙方都賺到的正向循環。

## 從客戶變夥伴：深度轉介紹的策略

除了一般性的轉介紹，業務還可以將優質客戶發展為策略夥伴，例如：

- 合作舉辦小型分享會或業界交流活動，邀請客戶與他們的業界夥伴參與；
- 邀請滿意的客戶成為品牌見證人，參與公關或行銷活動，擴大影響力。

這種深度合作，不僅帶來轉介紹，更有助於業務在特定產業建立權威地位。

## 第三章　找對人：客戶開發的策略與實戰

### ▌轉介紹是業務的無形資產

轉介紹不只是多了一筆生意，更是業務在市場上建立信任網絡的過程。每一位滿意的客戶，都是業務的品牌大使。當業務懂得設計話術、培養關係、提供誘因，並搭配個人品牌與策略性合作，轉介紹就不再是偶然，而是經營有道的必然。

記住，轉介紹不只是「請客戶幫忙」，而是透過專業、服務與信任，讓客戶樂於自發性分享。這份人脈網，將是業務長久以來最強的競爭護城河。

## 第六節　找到決策鏈的「內線」

### ▌成交關鍵：誰才是真正的決策者？

在 B2B 銷售中，業務最怕的，莫過於把時間、精力都花在「錯的人」身上。來來回回地寄資料、開簡報、跟進聯絡，最後卻發現對方根本沒有決策權，連能否轉達都成疑，整個銷售流程就此卡關。

如果業務在開發初期，無法迅速摸清對方的決策鏈與權限結構，就很容易陷入一場「永遠在補資料、永遠在等等看」的消耗戰。這不只是效率低下，更可能錯失真正有機會的客戶。

頂尖的 B2B 業務懂得：辨識決策者，不只是銷售技巧，更是時間管理的關鍵。找對人談，才有可能真正往成交邁進。

## 什麼是決策鏈？

所謂「決策鏈」,是指一個組織內部,從需求提出、方案評估、意見建議、預算核定,到最終拍板定案的完整流程。這絕不只是某一個人的決定,而是一整組分工明確、層層把關的關鍵角色所構成的決策網絡。

這些人可能包括實際使用者、中階主管、財務部門、技術審查者,甚至高層決策者。每一個環節、每一個角色的立場與關注點都不同,業務若無法掌握全貌,就等於摸黑進行銷售,稍有誤判,就可能被卡在流程中動彈不得。理解並精準應對這條決策鏈,是 B2B 銷售能否推進的關鍵勝負點。

## 決策鏈的五大角色

(1)需求發起者:實際碰到問題並提出需求的人,通常是基層或中階主管。

(2)影響者:對決策有意見權的專家或技術人員,例如 IT 主管、工程部門。

(3)使用者:產品或服務的直接使用者,他們的回饋會影響決策方向。

(4)財務把關者:控制預算與資金流向的人,如財務長或採購部門。

(5)最終決策者：擁有拍板權力的高層，例如董事長、總經理。

業務若只對接到需求發起者，卻無法接觸影響者與決策者，最終的提案很可能胎死腹中。

## 如何找到決策鏈的「內線」？

### 1. 主動提問法

「貴公司這類專案通常由誰來最終核准？」

「除了您之外，這項專案是否還有其他部門的參與？」

### 2. 觀察通訊名單與會議安排

若對方回覆中常有不同職銜被列入副本，就代表決策鏈裡可能還有這些角色。

### 3. 利用 LinkedIn 或人脈網絡

查詢對方公司在職人員的職位與負責範圍，並透過共同人脈打聽權限分布。

## 市場實例：產業顧問的決策鏈策略

一位深耕臺灣製造業的業務顧問分享，他在每次初談後，都會請對方簡單介紹「誰是專案小組成員」，並且主動提出：「我們的建議書，最好讓 IT 主管與財務也看看，因為這

涉及系統整合與預算分配。」透過這樣的話術，順利掌握多方決策者的輪廓，進而安排更高層的簡報與對話。

## 業務對決策鏈的策略配置

（1）對需求發起者：著重在需求的理解與痛點的挖掘。

（2）對影響者：提供技術、專業層面的細節說明與解決方案。

（3）對使用者：示範如何提升工作效率或使用體驗。

（4）對財務把關者：突顯投資報酬率、成本節省與風險控制。

（5）對最終決策者：聚焦策略價值、未來競爭力與品牌提升。

## 打通決策鏈的話術設計

「這個方案的價值，其實不只是解決眼前的問題，更可能牽動貴公司在市場上的競爭優勢。如果有機會，也很希望能聽聽財務部門或高層主管的看法，這樣我們才能設計出更貼合整體策略的解決方案。」

這樣的話術語氣委婉、不具冒犯性，同時也巧妙為後續接觸內部決策關鍵人鋪路。透過尊重與合作的語言，讓對方

理解你是為了做出「對他們整體更有利」的提案,而非單純逼迫升級對話對象,展現出高 EQ 的進攻節奏。

## 決策鏈不清,成交無力

在複雜的組織決策中,真正關鍵的不只是找到一家公司,而是深入摸清整條決策鏈,逐一掌握每一環節的關鍵人物與影響力。唯有拿到「內線」,業務才能真正撬開成交的大門。

如果銷售對話始終只停留在表層窗口,不管你多努力、多頻繁跟進,最終都可能止步於「我幫你轉達」的無解循環。久而久之,業績也會卡在無法突破的天花板。

記住,成交的關鍵從來不是「找到對的企業」,而是「找到對的人」。當業務能夠駕馭決策鏈中的內線網絡,不只勝率更高,連推進速度都將遠遠甩開競爭對手。這,才是真正的銷售槓桿。

# 第七節　善用大數據與 CRM 找客戶

## 資料驅動時代,業務開發的新武器

在傳統銷售時代,業務開發往往倚賴個人經驗、直覺判斷與人脈資源,成效高度依賴業務個人的資歷與風格。但隨

## 第七節　善用大數據與 CRM 找客戶

著數位轉型席捲各行各業，現代業務開發的遊戲規則也正在改寫——大數據與 CRM（客戶關係管理系統）已成為全新的核心戰力。

透過資料分析與系統化管理，業務不再只是「感覺哪裡有機會」去嘗試，而是能以科學化的方式，鎖定高潛力客戶、追蹤互動歷程、掌握成交節奏。這不僅大幅提升開發成功率，更有效節省時間與資源，讓業務真正做到「用力用在對的地方」。在這場數位化浪潮中，誰先掌握工具，誰就先掌握了業績主導權。

## 大數據：客戶輪廓的放大鏡

大數據技術正在重塑業務開發的思考模式，讓業務不再漫無目標地撒網，而是從海量資訊中精準挖掘出真正有價值的潛在客戶線索。

常見且關鍵的數據來源包括：

### 1. 市場與產業報告

協助業務掌握各產業的成長趨勢、轉型需求與痛點脈絡，判斷哪些產業正處於關鍵採購期。

### 2. 網站行為數據

追蹤潛在客戶是否曾造訪企業官網、停留在哪些頁面、是否下載特定資料，這些微行為都是需求醞釀中的蛛絲馬跡。

### 3. 社群互動數據

觀察有哪些企業或個人曾對品牌內容按讚、分享或留言,這些互動代表了對品牌的初步關注與情感連結。

透過這些行為數據的交叉分析,業務得以對準那些「已經表現出行為訊號」的潛客下手,把開發的命中率從碰運氣,轉為策略精準出擊。在數位浪潮下,誰能讀懂數據,誰就能搶先一步占據顧客心智。

## CRM:業務的記憶體與策略大腦

CRM 系統不只是記錄客戶聯絡方式的工具,而是業務開發與客戶經營的全紀錄平臺。透過 CRM,業務可以:

- 記錄每一次客戶互動內容,避免重複提問或遺漏資訊;
- 設定跟進提醒,確保潛客不被遺忘;
- 標籤化客戶(如:高潛力、決策中、已成交、需再觀察),有系統地分類管理;
- 分析客戶特徵,協助找到類似的潛在客群。

## 臺灣企業的 CRM 與數據應用實例

某電子零組件廠商,過去業務多憑電話簿與業界人脈開發。導入 CRM 與資料分析後,他們結合官網、電郵行銷、展會名單,建立「潛客熱度指數」。當客戶多次開啟電子報、

下載技術白皮書，系統自動標記為「熱名單」，業務優先開發。結果，潛客轉換率提升了 45％。

## 業務的數據素養：必要的競爭力

在數位時代，業務的角色早已超越「口才好、反應快」的傳統形象，更需要具備基本的數據素養，才能在資訊密集與競爭激烈的環境中脫穎而出。

現代業務應具備以下三項關鍵能力：

### 1. 能看懂 CRM 儀表板

理解客戶的狀態分布、開發進度與互動歷程，精準掌握哪些客戶值得追蹤、哪些可能流失。

### 2. 解讀數據背後的行為意圖

從開信率、點擊率、網頁停留時間等數據，看出潛在客戶的興趣熱點與決策進度。

### 3. 與行銷團隊合作

主動參與數位行銷活動的規劃與回饋，透過廣告、電子報、社群互動等管道，持續收集潛客數據，擴大開發線索庫。

當業務懂得善用數據做決策，不再只是「努力衝業績」，而是「用對數據、衝對對象」。這樣的業務，不只效率更高，也更難被取代。

## 第三章 找對人：客戶開發的策略與實戰

### ▍數據與 CRM 的結合話術

當業務掌握數據後，開發時也可透過數據佐證話術，提升說服力：

◆ 「我們觀察到您公司近期在搜尋相關解決方案，不知道這是否代表您們正在規劃轉型？」
◆ 「我們針對您產業的客戶數據發現，導入這套系統後，平均提升 20% 產能，想了解您是否也有這樣的需求？」

### ▍數據與系統，讓業務更聰明而非更忙

在競爭白熱化的市場中，僅靠蠻力跑客戶、拚人脈、拚勤奮，早已不足以脫穎而出。真正高效的業務，懂得善用大數據與 CRM 系統，讓自己如同裝上了雷達與導航，不再靠直覺亂撞，而是精準鎖定目標客戶、策略性推進每一步。

記住，會用數據與系統的業務，不只是業績高手，更是連公司都難以取代的價值中樞。他們不僅提升成交效率，更讓整體銷售流程變得視覺化、可追蹤、可優化，是推動整個業務團隊升級的關鍵推手。

# 第四章
# 與決策人建立關係的技術

## 第四章　與決策人建立關係的技術

## 第一節　決策人要的是信任，不是產品

### 決策人眼中的業務：信任代理人而非產品推銷員

在 B2B 銷售的場域中，業務常常把重點放在介紹產品的功能與優勢，但對決策人而言，產品再好，也只是一個可替代的選項。他們真正關心的是：「我能不能信任你？」

決策人在面對供應商選擇時，除了衡量產品本身，更多是在評估：

◆ 這個業務或團隊是否值得長期合作？
◆ 遇到問題時，對方會不會負責？
◆ 是否理解我們的痛點與業務邏輯？

這是因為決策人本質上是為組織承擔風險的人。錯誤的決策不僅影響企業績效，更可能損害其個人職場聲譽。決策人的思考模式不是「這產品好不好」，而是「這個人能不能被信賴，若合作出了問題，他是否能協助解決？」

### 決策信任的三大來源

**1. 專業力**

業務能否清楚解釋產品如何解決決策人的具體問題。這不只是對產品的熟悉度，更是對產業背景、客戶挑戰的深刻理解。

### 2. 誠信度

承諾的事項是否確實落實,歷來口碑如何。對決策人來說,誠信不僅是人品評估,更是合作風險的評估指標。

### 3. 理解度

是否站在決策人的立場,提出具洞察力的觀點,而非單純的銷售話術。業務要能說出決策人未曾察覺或忽視的問題,才能真正被視為「顧問」,而非「業務」。

## ▌建立信任的行為心理學

根據心理學家羅伯特・席爾迪尼(Robert Cialdini)的六大影響力原則,其中「權威」、「一致性」與「社會認同」對決策人尤為關鍵:

### 1. 權威感

業務需展現對產業的深度理解,並引用專家、業界標竿的觀點佐證。決策人偏好與業界標竿對齊的選擇,這樣即使結果不如預期,也有「遵循專家建議」的緩衝。

### 2. 一致性

言行如一,不輕易承諾,一旦承諾就確實兌現。業務的穩定性讓決策人產生可預期的信賴感。

### 3. 社會認同

提供成功案例與知名客戶背書，降低決策風險感。當決策人發現「同行也選擇你」，心理上的風險感會大幅下降。

## 顧問式銷售的信任塑造

在臺灣的資訊系統銷售領域，某業務團隊專門針對決策人設計產業痛點白皮書，並在拜訪時針對客戶的業務困境提供免費診斷。決策人往往因感受到「你懂我」而願意深入洽談，即便初期不成交，後續需求出現時，首選的還是這樣的業務團隊。

另一個案例是一家高階設備供應商，業務在談判階段，不主動談價格，而是透過深入了解客戶的產線瓶頸，提出全流程優化的建議，協助客戶計算潛在的生產力提升。這種不以銷售為目的的「協助型溝通」，大幅強化了決策人對業務的信任。

## 決策人對信任的試探方式

決策人在建立信任前，常透過以下方式試探業務：

◆ 提出刁鑽問題：觀察業務的專業與反應力，是否臨場應變、回答扎實。
◆ 要求提供更多客戶成功案例：檢視真實度與廣度，確認這不是單一成功的偶然。

- 測試業務的界線:例如臨時改變需求或要求試算,觀察業務是否誠實應對或隨意迎合。
- 側面打聽口碑:決策人透過業內圈子或其他合作廠商了解業務與公司過往的合作紀錄與信譽。

## 信任比價格重要的心理機制

許多決策人即便知道市場上有更便宜的選項,仍選擇合作過、值得信賴的業務與團隊。因為一旦採購錯誤,決策人要承擔的內部壓力、績效損失與個人聲譽風險,遠大於節省的那點錢。對決策人而言,信任帶來的風險保障與心理安全感,價值遠超過價格上的小便宜。

## 業務如何逐步建立信任:實務策略

### 1. 持續提供產業價值資訊

定期以電子報、白皮書等形式,讓決策人感受到你的專業更新與對產業的洞察。

### 2. 不急著賣,而是急著了解

在對話中多問問題,讓決策人感受到你是真的想解決問題,而非單純銷售。

### 3. 預判風險，主動提出解法

展現你對產業風險的掌握度，例如：「我們觀察到市場上近期的法規變動，可能對貴公司產線有影響，我們的解決方案已有對應的調整。」

### 4. 誠實面對不足

當產品無法滿足某些需求時，坦率告知並提出替代方案。這種誠信反而比過度包裝更能建立信賴感。

## 做決策人信任的顧問，不是推銷員

在決策人的世界裡，買的不是產品，而是風險控制的保險。當業務能在專業力、誠信度與理解度三方面做到極致，決策人才會覺得：「這個人值得我把事情交給他。」

信任的建立從不是一蹴可幾，而是透過每一次的溝通、每一次的兌現承諾、每一次的專業輸出所累積的結果。記住，產品是入場券，信任才是成交的橋梁，而業務要做的，是成為那座橋最堅固的基石。

## 第二節　破解窗口與祕書的防線

### 決策圈的第一道門神：窗口與祕書

在銷售的實戰場上，業務往往在「還沒見到決策人前」就被窗口或祕書擋在門外。這些角色被戲稱為「防火牆」，但對業務而言，他們既是挑戰，也是通往決策圈的第一道門。若無法成功破解窗口與祕書的心理與機制，業務將永遠無法晉升到高層視野，更別提成交。

### 窗口與祕書的三大心理機制

**1. 保護決策人時間與注意力**

他們的首要任務是過濾不必要的干擾，確保決策人專注在真正重要的事上。

**2. 顯示自身價值與權威**

作為「守門人」，他們的權威感來自於「我決定誰能見到老闆」，這是角色賦予的影響力。

**3. 維護組織流程的穩定性**

防止任何脫離流程的直接接觸，避免組織內部的權責混亂。

理解這三大心理，業務才能找到對應的破解策略，而不是一味硬闖或苦苦哀求。

## 第四章 與決策人建立關係的技術

### 破解策略一:讓窗口成為你的同盟

窗口或祕書不一定是敵人,只是因為不了解業務的價值,所以不願放行。業務的第一步是建立對方的認同感與安全感。具體方法:

- ◆ 尊重對方的專業與權力:「請問您通常怎麼協助安排相關的合作會議?我希望配合您的流程。」
- ◆ 讓對方感覺自己很重要:「其實您掌握的資訊,對我來說就已經非常有幫助,不知道您覺得這類提案是否對貴公司目前有參考價值?」

當窗口或祕書感受到尊重與被需要,自然會降低防禦心,甚至在內部幫你說話。

### 破解策略二:建立權威與專業形象

窗口與祕書之所以擋人,是因為他們懷疑「你有沒有資格見我們老闆」。業務需要在開場就建立專業與權威感:

#### 1. 引用知名客戶或成功案例

「我們最近剛協助某上市公司完成供應鏈優化,成效很好,所以希望也有機會和貴公司分享。」

## 2. 提出明確議題而非空泛介紹

「我們有一套針對貴產業的最新解決方案,特別適合目前市場缺工的背景,不知道是否方便讓決策長官了解?」

## 破解策略三:資訊交換與試探提問

有時窗口不會直接拒絕,但會敷衍帶過。業務應該設計試探性提問來判斷突破口:

- 「請問目前這個議題,在貴公司內部通常是哪個部門負責?」
- 「這樣的解決方案,通常決策會需要誰的參與呢?」

透過問話,讓對方不自覺透露決策流程或相關人選,為後續接觸鋪路。

## 臺灣市場的實務案例

一位深耕臺灣金融業的業務分享,他在拜訪大型銀行時,常先透過窗口安排「內部簡報」,即便對象只是窗口本身或相關同仁,但簡報內容設計專業且深入,讓窗口在內部形成「這是個值得讓老闆知道的提案」的共識。果然幾次後,窗口主動協助安排與副總的對接。

## 第四章　與決策人建立關係的技術

## 破解策略四：間接滲透法

若窗口防線太強，業務可透過以下間接方式突破：

- ◆ 業內活動或研討會建立接觸：透過產業論壇或專業協會，與決策人建立「非正式接觸」，再轉為正式拜訪。
- ◆ 共同人脈引薦：藉助客戶、合作夥伴或業內熟人，間接引薦，窗口的防線就自然鬆動。
- ◆ 專業內容的曝光：透過白皮書、業界發表文章等方式，讓決策人主動認識你的存在，窗口就無法再阻擋已被老闆注意到的人。

## 話術設計：突破窗口的禮貌表達

（1）「我完全理解您需要幫老闆把關，也因此我希望先讓您了解我們的專業與案例，或許您會覺得適不適合進一步安排。」

（2）「如果不方便直接安排，是否能讓我知道貴公司的決策流程，讓我知道該如何配合？」

這類話術尊重對方職責，同時尋求更深入的機會，避免窗口感受到壓力或挑戰。

## 業務的心態調整：不要對抗，要合作

面對窗口與祕書，業務的心態應是「合作夥伴」而非「阻擋者」。只有讓對方感覺「我是來幫你，也幫公司解決問

題」，窗口才可能變成你的內線，甚至成為推你進決策圈的推手。

## 突破不是對抗，而是轉化

破解窗口與祕書的防線，靠的從來不是強勢突破或硬闖硬問，而是展現你的專業、尊重與策略性滲透的能力。聰明的業務懂得，窗口不只是過濾者，更是你接觸決策圈的第一道關鍵門檻。當你願意將窗口視為合作的起點，並用誠意與價值說服對方，你就已經踏進了決策圈的前門。

記住，窗口不是你的障礙，而是你通往核心人物的橋梁。要走過這座橋，靠的不是話術取巧，而是業務真正的智慧與細膩度——讓對方相信，引薦你，是一個對他也有好處的決定。

# 第三節　用人際關係圖譜找到關鍵人

## 銷售不只是找客戶，而是找「對的人」

在 B2B 銷售的過程中，業務若只關注企業名單，而忽略了組織內的「人際關係圖譜」，最終往往陷入跟錯人、進錯門的困境。因為在每個企業的決策鏈中，真正的關鍵人往往藏在權力結構的縫隙中，不在名片的職稱上，而在人際連結的深處。

# 第四章　與決策人建立關係的技術

## 什麼是人際關係圖譜？

人際關係圖譜是指透過觀察、蒐集與分析企業內部人員之間的權力、影響力與互動關係，建立一張誰影響誰、誰是幕後主導者的地圖。這份圖譜能幫助業務找到：

- 誰是表面的窗口，誰是幕後的推手；
- 誰影響決策者的意見，誰是反對派；
- 決策流程中的潛在盟友與潛在阻力。

## 臺灣市場的權力結構特性

在臺灣企業文化中，決策權往往不單純由職稱或部門決定，而是與資歷、人脈、家庭背景或老闆的信任感密切相關。例如：

- 老闆身邊的特助或顧問，職稱普通，實際上是關鍵智囊；
- 部門主管名義上負責，但幕後的實權在老闆的家族成員；
- 財務部門的資深經理，握有預算開關，影響力大於副總。

了解這些潛規則，才能避免業務只跟「名義決策者」談，卻忽略了真正的關鍵人。

## 繪製人際關係圖譜的五大步驟

（1）從窗口開始收集 詢問「這項方案的決策流程通常由哪些部門參與？」逐步擴大人脈圖譜。

（2）觀察會議與溝通線索：誰總是在會議中發言？誰的意見決策人特別重視？

（3）利用 LinkedIn 與業界人脈調查：查詢關鍵人士的工作歷程與共同人脈，判斷其業界影響力。

（4）透過非正式場合了解內部關係：客戶餐敘、產業聚會等，打探誰與老闆私交甚篤。

（5）搭配 CRM 記錄與更新：每次接觸與會談，記錄對應的人物關係，形成動態更新的人脈地圖。

## 業務問話技巧：挖出幕後關鍵人

（1）「請問除了您這邊，還有哪些夥伴會一起參與評估呢？」

（2）「貴公司在這類決策上，通常誰的意見最具參考性？」

（3）「我們之前服務的客戶，通常會讓財務或資訊部門也參與討論，不知道貴公司是否也是如此？」

透過這些提問，不僅了解流程，也能順勢讓對方協助引薦。

## 第四章　與決策人建立關係的技術

### 案例分享：科技產業的隱形推手

某科技業業務分享，他原本與一位工程部門主管接洽，但多次提案皆無進展。後來透過與對方私交良好的業務助理聊天，得知財務部的資深經理才是影響老闆採購決策的關鍵。業務轉而設計成本效益分析方案，特別針對財務經理關注的投資報酬率，最終才打開合作大門。

### 組織圖 ≠ 人際圖譜

企業的正式組織圖只能告訴你「誰管什麼」，但真正的人際圖譜告訴你「誰說了算」。業務若只看組織圖行事，容易走進官僚迷宮；只有掌握人際圖譜，才能繞過障礙，直達權力核心。

### 數位工具協助建立圖譜

善用 CRM 系統與銷售協作工具，業務可以：

- 為每個接觸人員建立「影響力等級」標記；
- 標示關係鏈條，例如「A 影響 B，B 直接向 C 報告」；
- 設置提醒，定期更新人際圖譜，避免因人事異動而資訊過時。

## 賣給企業,不如說是賣給「人」

銷售最終不是對企業說話,而是對「關鍵人」說話。只有掌握人際關係圖譜,業務才能在複雜的組織中找到突破口,從而設計對應的說服策略,擊破每一道影響力的關卡。

記住,懂得畫圖譜的業務,才有機會掌握成交的路線圖。這不僅是資訊的累積,更是業務智慧的展現。

## 第四節　進入決策圈的三大路徑

## 什麼是決策圈?

決策圈指的是企業內真正左右採購決策的核心人物與影響力集團。若業務始終無法踏進這個圈子,最終只能停留在聽取、過濾訊息的基層視角,無法直擊痛點與促成決策。真正能開啟成交機會的,不是更多的接觸次數,而是能否進入那個決定命運的決策圈。

## 決策圈的三大進入路徑

進入決策圈不是靠運氣,而是可以被策略設計的。業務應掌握三條核心路徑:

## 第四章　與決策人建立關係的技術

◎**第一條路：透過「窗口」晉級**

即便窗口不是決策人，但他們是開啟決策圈的潛在「領路人」。業務需要把窗口經營為「內線」，策略如下：

### 1. 讓窗口成為提案的共同設計者

與窗口共同討論客戶需求與痛點，讓窗口感覺「這個方案是我協助打造的」，當窗口參與感提升，自然會主動推薦給決策人。

### 2. 賦能窗口

提供窗口簡潔有力的資料包、案例數據、投資報酬率分析，讓他能在決策圈裡有話語權。

### 3. 建立私交與信任感

關心窗口的職涯需求，透過人情味與專業感，讓他成為你在決策圈的「代言人」。

◎**第二條路：直攻影響力人物**

有些企業的決策圈外，存在著影響力強大但不具正式職銜的「幕後推手」，如：資深顧問、家族成員、特助、資深顧問。

策略包含：

### 1. 透過業界人脈打探

參加業內論壇、產業協會活動，了解哪些人物在特定企業中具有潛在影響力。

### 第四節　進入決策圈的三大路徑

**2. 建立價值對話**

針對這些影響力人物關心的議題，如產業趨勢、政策變動，主動提出見解與解決方案，建立專業認同感。

**3. 用專家與顧問的身分切入**

非單純的銷售立場，而是以「協助解決策略難題」的顧問角色，進入對話。

◎第三條路：搭建社交橋梁，間接導入

透過社交圈與第三方背書，能有效提升進入決策圈的信任門檻。

策略步驟：

**1. 尋找共同人脈或客戶**

在 LinkedIn、業界名單比對，有無合作過的客戶或夥伴與目標決策圈有聯絡。

**2. 請已成交的客戶協助引薦**

「我們有幫某某企業解決相似問題，不知道是否能請他們協助簡單引薦？」

**3. 參與決策圈常出沒的社交場合**

如商會、高峰論壇、募資活動，透過「相同場域」建立熟悉度，降低接觸門檻。

# 第四章　與決策人建立關係的技術

## 決策圈滲透成功案例

某 ICT（資訊及通訊科技）解決方案業務，透過協助窗口撰寫提案簡報，讓窗口在內部簡報時展現專業，獲得副總注意。進一步再透過參與臺灣區資安論壇，與副總進行專業交流，建立對產業趨勢的共同語言，最終成功被拉入決策討論會議，成交金額突破千萬。

## 決策圈的心理運作：排他性與信任

決策圈具有高度排他性，圈內人不輕易對外開放。要想進入，信任感與共同語言是關鍵。業務需展現：

- 對產業的深度理解，能說圈內話；
- 對企業文化的尊重與契合；
- 展現穩定且可預期的專業價值。

## 業務話術設計：進入決策圈的邀約語言

「我們在產業趨勢上觀察到一些可能影響貴公司布局的變數，不知道是否有機會跟貴公司的策略單位交流一下看法？」

「我們近期剛完成某指標企業的優化案，解決的議題和貴公司現況頗為相似，不知道貴公司決策團隊是否願意聽聽我們的經驗？」

## 進入決策圈，才是真正銷售的開始

業務若始終在圈外，就只能靠運氣等待窗口提報。而真正的高效業務，懂得設計進入決策圈的路徑，透過窗口、影響者與社交網絡，多管齊下建立「被信任的專業角色」。

記住，成交不只是業務努力的結果，而是業務能否進入決策圈的展現。只有當你踏入那個決策的核心，銷售的槓桿才真正被撬動。

# 第五節　面對權力複雜的採購鏈怎麼做

## 採購鏈的權力迷宮

在複雜的 B2B 銷售場景，尤其是大型企業或政府單位，採購決策往往不是單點決策，而是一條冗長且多關卡的採購鏈。這條鏈條上，充滿了不同部門的利益、意見與權力角力。若業務無法辨識每個節點的角色、權力與關心點，就容易在採購流程中迷路，或被某個部門一票否決。

## 採購鏈的六大典型角色

(1) 需求單位：問題的起點，對產品功能與效益有最直接需求。

(2)使用者：實際操作產品或系統的人，對使用便利性與實用性最敏感。

(3)技術審核者：如 IT、工程部門，注意產品是否符合技術規範與架構安全。

(4)財務審核者：採購部或財務單位，審核預算合理性與付款條件。

(5)法務或風險控管：審查合約條款、風險責任分配。

(6)最終決策者：通常是高層，如總經理、董事長，拍板是否進行。

## 權力複雜的四大陷阱

(1)功能強，但不符技術審核：方案功能再好，若技術審查不過，整個專案會被否決。

(2)使用者排斥導入變革：使用者覺得系統難用或工作量增加，會私下向需求單位施壓放棄。

(3)財務質疑回本週期：投資報酬率算不清，財務就不會點頭，即便決策人喜歡也難強推。

(4)法務卡關：合約責任歸屬、維護條款模糊，法務出手就可能讓案子流標或重談。

## 應對策略一：角色地圖與利益對應表

業務需針對採購鏈繪製角色權力圖譜，明確記錄：

- 每個角色關注的重點是什麼？
- 他們的主要疑慮或風險感在哪？
- 哪些人有否決權？哪些人有強力推薦權？

## 應對策略二：多線溝通，差異化話術

（1）對需求與使用者：強調產品如何提升效率、解決痛點、減輕工作量。

（2）對技術審核：提供完整的技術規格、相容性報告、資安認證。

（3）對財務：計算投資報酬率、節省成本的模型。

（4）對法務：預先準備契約範例、風險控管條款，降低法務抗拒點。

## 市場案例：系統導入的權力協調

某製造業的 ERP 系統導入案，業務初期只與需求部門對談，進展緩慢。後來他們主動安排技術與資安說明會，邀請 IT 主管與資安長，並特別針對財務設計了「三年內回本模型」。最終成功說服多方單位，案子順利通過。

## 第四章　與決策人建立關係的技術

### ▍關鍵應對：內部專案小組化

業務可以提議：「我們可以協助貴公司內部組成一個專案評估小組，由我們協助釐清各單位關心的點，這樣整體決策會更有效率。」

這種方法讓各部門的需求都被正視，避免「單一單位決策，其他單位阻撓」的狀況。

### ▍話術設計：對財務與法務的對應

「我們的方案平均可在 18 個月內回本，這是基於過去 20 家客戶的真實數據，後續可提供完整模型。」

「針對合約與法務風險，我們有標準版本，也能配合貴司法務需求彈性調整。」

### ▍掌握全局，才能掌握成交

面對權力複雜的採購鏈，業務的勝負不在產品本身，而在能否統整多方需求、解除各部門疑慮。真正的高手，不只賣產品，而是協調、引導、讓不同部門在一致的價值主張下點頭。

記住，賣給企業，不是單純說服一個人，而是說服一整個組織。只有看懂這盤棋，成交才能水到渠成。

## 第六節　決策人只關心三件事：風險、成本、回報

### 決策人的世界只看「關鍵三問」

在銷售中，業務常不自覺陷入自我陶醉般的產品功能介紹，卻忽略了決策人真正關心的，其實只有三件事：風險、成本、回報。這三大核心，是所有決策人衡量採購與投資的永恆標準。無論產品多炫，技術多新，若無法在這三個問題上給出明確答案，決策人都會停下腳步。

### 第一問：風險 ——「有什麼可能讓我後悔？」

風險是決策人最本能的考量。對決策人來說，風險不只是企業層面的損失，更是個人職場生涯的賭注。如果決策失敗，不僅公司受損，決策人也可能背負評價與信任危機。

決策人思考的風險包括：

- 導入後的效果是否如預期？
- 系統或產品的穩定性與維護風險。
- 供應商是否有履約與長期支持的能力？
- 導入過程是否影響現有流程或運作？
- 失敗後是否有後悔藥或退場機制？

**業務應對策略**

（1）提供實證數據：比如「過去導入 20 家企業，失敗率為 0，平均三個月內完成。」

（2）展示風險控管方案：「我們有三層次的風險應變計畫，導入前後都有完整的支持機制。」

（3）強調合作持續性：「我們在臺灣市場已經深耕十年，並與產業內 30 家企業維持五年以上的合作關係。」

## 第二問：成本 ── 「我要付出什麼代價？」

成本不只是價格，還包括時間成本、人力成本、轉換成本、機會成本。決策人會從全盤角度評估：

- 是否會讓公司或部門資源被過度占用？
- 人員需要花多少時間學習與適應？
- 改變現有系統會不會帶來阻力與摩擦？

**業務應對策略**

（1）完整揭示成本結構：「導入成本、後續維護、教育訓練我們都有明細。」

（2）展示效能提升的對價值：「系統導入後，預計節省 20%的人力工時，等於每年為您省下 500 萬的營運成本。」

(3) 提供轉換支持方案:「我們有專業的轉換團隊,確保系統過渡期間不影響現行運作。」

## 第三問:
## 回報 ——「這對我、對公司,會有什麼好處?」

所有決策的終極目的,都是「帶來價值」。回報可以是:

- ◆ 成本降低、效率提升
- ◆ 收入增加、市場擴張
- ◆ 品牌形象提升、客戶滿意度增加

決策人會問:「投資這筆錢後,多久回本?回本後的利潤有多少?」

**業務應對策略**

(1) 用數據模擬回報:「預計 18 個月內回本,之後每年為企業創造 20% 的額外獲利。」

(2) 案例說服:「我們剛協助某製造業客戶,導入後第一年就為他們帶來 15% 的產能提升。」

(3) 對決策人個人利好:「這方案成功導入後,您的部門績效與節流成效將是公司內部的亮點。」

## 第四章　與決策人建立關係的技術

### 市場案例：風險、成本、回報的完整交付

某醫療器材商在銷售一款高價檢驗設備時，業務不僅詳細解釋設備的技術優勢，還設計一套「風險對照表」、「成本投入與節省試算表」，以及「三年內回本模擬」。最終醫院決策委員會在看完完整的三大評估後，拍板成交，因為每一個疑慮都已被數據與模型化解。

### 話術設計：三問直擊決策核心

「我們在設計方案時，第一個考量就是：會不會為貴公司帶來任何潛在風險？我們有什麼保障機制？」

「第二是成本，除了價格之外，我們如何幫您減少時間與人力負擔？」

「最後，也是最重要的，這筆投資，多久可以讓您看到具體的價值與回報？」

### 只談產品，永遠進不了決策核心

業務若只談產品本身的特性，永遠只能打動使用者，卻無法打動決策人。只有在風險、成本、回報三大指標上，給出決策人滿意的答案，成交才有機會發生。

記住，決策人的世界只有投資與報酬，只有風險與控制。業務的價值，就是幫他們看見「這個選擇，值得」的證據。

## 第七節　建立決策信賴感的心理暗示

### 信賴感是成交的隱形契約

在商業銷售的世界裡，決策人不會輕易說出「我不信任你」，但成交的遲疑、會議的延後、決策的保留，無不透露著一件事：信賴感還不夠。業務若無法在談判與溝通中植入足夠的心理暗示，讓對方感受到「我可以放心把這件事交給你」，即使方案再優秀也可能功虧一簣。

### 決策人信賴的心理基礎

對決策人而言，信賴感建立有三大心理基礎：

(1)可預期性：決策人信任那些「說到做到」的人，期待每次互動都符合預期。

(2)專業性：決策人尊重有深度、能解釋與預判問題的業務，而非僅懂皮毛的推銷員。

(3)同理心：能站在對方角度思考的業務，讓決策人感到「你懂我」，降低防禦心。

### 心理暗示一：框架效應

業務在表述時，應巧妙設置心理框架，讓決策人產生「信賴」的既定印象。例如：

## 第四章　與決策人建立關係的技術

- 「我們協助過的企業中，九成都在第一年看到效益。」
- 「這是產業裡目前唯一針對貴公司這類規模設計的解決方案。」

透過框架效應，決策人會在潛意識裡認定「別人都成功了，這團隊值得信賴」。

## 心理暗示二：一致性原則

透過重複性的溝通與堅持一致的訊息，業務可以讓決策人感受到「你是個有邏輯與原則的人」。例如：

- 業務在不同場合，不管是會議、簡報、甚至LINE對話，都強調同一組數據與效益模型。
- 在客戶不同單位面前，堅持同樣的商業邏輯，讓組織內部感覺「這業務不會因對象不同就見風轉舵」。

## 心理暗示三：社會認同與案例對標

（1）「我們剛協助了××企業，他們規模與貴公司相近，也面臨相同挑戰。」

（2）「我們與業界領導品牌的合作，讓我們更了解如何支持像貴公司這樣的標竿企業。」

## 第七節　建立決策信賴感的心理暗示

這種話術讓決策人產生一種「如果他們都用這家，代表這家值得信任」的安全感。

### 市場實例：信賴感滲透的案例

某資安服務商在推廣雲端安全方案時，不主打技術細節，而是先透過白皮書、產業洞察報告建立「專業權威」的印象，隨後針對金融業決策人，強調「我們目前服務的前五大金控，都是用這套方案」，並且在每次回覆都使用統一的風險管控模型圖，讓決策人覺得「這是有系統、可預期、值得信賴的團隊」。

### 信賴感加分的細節暗示

（1）專業細節展現：會議中用圖表、數據說話，不空談願景。

（2）行為準時一致：準時回覆、不輕易改變承諾的時間表。

（3）誠實面對限制：當產品有缺點時，主動告知並提出彌補方案，反而增加信任度。

（4）預判決策人疑慮：「我們預期貴公司財務部會關心投資回收期，因此我們先準備好模型給您。」

### 話術設計：信賴感的植入句

（1）「我們一向承諾的 SOP 流程，就是為了讓客戶在每個階段都有清楚掌握，這也是我們最自豪的地方。」

(2)「過去的合作中,客戶最常回饋的就是我們解決問題的反應速度,這點您可以放心。」

(3)「我們的每個階段都有風險控管的設計,這是我們對客戶長期信賴的承諾。」

## 信賴,是無聲的銷售力

業務的真正專業,不在於話術有多炫目,而在於讓決策者在每一次互動、每一個細節中,逐步建立起一種安心感——「交給你,我放心」。

記住,信賴從不是一場話術贏得的勝利,而是透過多次心理暗示、細節展現與一致表現所累積出的結果。當信賴感真正成形時,價格的高低、功能的比較,甚至競爭對手的攻勢,都將難以撼動顧客心中那個唯一的選擇。因為他們買的,早已不只是產品,而是「信任你」這件事本身。

# 第五章
# 業務溝通的心理戰與說服術

## 第五章　業務溝通的心理戰與說服術

### 第一節　傾聽比說話更重要

#### 業務的常見迷思：說太多，聽太少

在業務的世界裡，許多人以為口才好就是一切，話多、話快、話術厲害就能贏得訂單。但事實上，真正高明的業務都有一項隱藏技能：懂得傾聽。心理學家卡爾·羅傑斯（Carl Rogers）的理論中延伸出，傾聽不只是被動接受，更是主動參與、理解與回應的過程。

業務若不懂得傾聽，無論話術再強，最終都只是在「自己跟自己說服自己」。因為顧客最在意的，從來不是你想說什麼，而是「我是不是被理解了」。

#### 傾聽的心理學基礎：被聆聽是一種被尊重

被聽見的感覺，是人類最基本的心理需求之一。心理學上的「自我肯定需求」指出，當人感受到「你在認真聽我說」，便產生了被尊重、被重視的心理滿足。

在銷售場景中，顧客若感受到你只是忙著介紹產品，對他的真實困擾不感興趣，那麼即便方案再好，也難打動對方。反之，當顧客在對話中覺得「你真的懂我的問題」，成交的門就開了一半。

## 傾聽的五種層次

(1) 忽略式傾聽：表面聽著，心不在焉。

(2) 裝作聆聽：偶爾點頭，但其實沒聽進去。

(3) 選擇性傾聽：只聽自己關心的部分，忽略其他。

(4) 專注傾聽：全心注意對方的話，但不深入探問。

(5) 同理式傾聽：不只聽，還試圖理解對方的情緒、立場與隱藏的需求。

優秀的業務都擅長第五層次——同理式傾聽。這不只是「聽懂話」，更是「聽懂心」。

## 同理式傾聽的技術：心理學支持

根據心理學家湯瑪斯・戈登（Thomas Gordon）提出的「積極傾聽法」，在業務行為有效的聆聽應包含以下技術：

- 專注肢體語言：眼神接觸、點頭回應、身體微微前傾，讓對方知道你在聽。
- 情緒回應：用「我聽得出來這點讓您很困擾」來表達對對方情緒的感受力。
- 內容確認：用自己的話重述對方的觀點，確認彼此理解一致。

◆ 延伸提問：根據對方的分享，提出引導性的追問：「那您覺得目前最大的瓶頸是在哪裡？」

## 市場案例：傾聽創造的成交奇蹟

某 SaaS 業務在拜訪一家傳產時，沒有急著推產品，而是花兩個小時全程傾聽對方對數位轉型的疑慮，並持續以確認性提問回應。最終，顧客主動說：「那你們的系統可以怎麼協助我們？」這種「聽到顧客自己說出需求」的轉折，讓業務幾乎不需多言就順利成交。

## 傾聽帶來的五大好處

（1）建立信任：顧客感覺到尊重與理解，自然對業務產生好感。

（2）挖掘真正痛點：多數顧客表層說的問題，往往不是根本原因，傾聽才能挖深。

（3）避免誤判：少聽多說的業務，容易錯誤理解需求，開錯藥方反而導致失敗。

（4）培養對話節奏感：傾聽讓對話有「呼吸」，而非業務單方面的資訊轟炸。

（5）創造客製化提案的基礎：真正的解決方案，源自對顧客需求的深度理解。

## 話術設計：引導傾聽的工具

（1）「這問題對您來說，影響最大的地方在哪裡？」

（2）「除了您剛提到的，還有沒有其他讓您煩惱的事情？」

（3）「我想確認一下，您的困擾是來自流程效率還是人員操作？」

（4）「如果這問題能解決，對您的工作或生活會有什麼改變？」

## 業務的自我提醒：開口前，先聽三分鐘

每一次與顧客對話開始前，優秀的業務都該提醒自己一句話：「我說一句，先聽三分鐘。」這不只是話術的技巧，更是一種心態的轉變——從「急著推銷」的主導角色，轉為「認真傾聽」的合作夥伴。

當業務願意把開場的節奏放慢，不急著展示產品、不迫切介紹方案，而是主動邀請對方分享現況、困難或目標，就能掌握對話的真實脈絡。這樣的開場，往往比任何話術都更能拉近彼此距離。

心理學研究早已證實，**被理解比被說服更能建立信任**。當顧客感受到「你在乎我說什麼」，而不是「你只想賣東西給我」，信任感與合作意願自然隨之而生。這三分鐘的耐心傾聽，也許不會立刻成交，但卻是在鋪一條邁向成交的堅實道路。

## 第五章　業務溝通的心理戰與說服術

記住：開口不是開始，傾聽才是。真正高段位的業務，總是先讓顧客說完，再讓自己被相信。

### 傾聽，才是打開顧客心門的鑰匙

在業務的戰場上，說話是武器，但傾聽是橋梁。只有傾聽，才能跨越業務與顧客之間的心理鴻溝，建立信任，進而設計最精準的提案與說服路徑。

記住，會聽的人，才是真正的溝通高手。別讓話多成為業績的絆腳石。用耳朵打開對話的可能性，成交的門自然就會敞開。

## 第二節　「複述＋提問」創造顧客參與感

### 沒有參與感，就沒有成交力

在銷售對話中，若顧客只是靜靜聽業務獨自講話，表面看似投入，實際上心思早已飄得老遠。心理學家艾伯特・麥拉賓（Albert Mehrabian）的研究指出，在表達個人喜好或情緒態度、且語言與非語言訊息不一致時，人們對訊息的理解約有7％來自語言內容、38％來自聲音語調、55％來自肢體語言。因此，當言語與非語言訊號矛盾時，人們更傾向相信語

氣與表情,而非字面意涵。

這意味著,若對話缺乏參與和互動,就算顧客身在會議現場,心理上也可能早已「離席」。銷售不是一場單向資訊輸出,而是一段必須讓顧客參與其中的溝通歷程。真正有效的銷售,是讓顧客「一起說」,而不是「只聽你說」。

## 參與感的心理機制:自我涉入效應

心理學中的「自我涉入效應」(Self-Involvement Effect)指出,當個體在一個過程中有實際參與時,會產生更高的認同感與擁有感。也就是說,**人對「自己參與過的決定」更容易投入情感、給予肯定**。

在銷售情境中,這個效應極為關鍵。如果顧客在對話中不只是被動聽你說,而是被主動傾聽、被業務重述觀點、再被提問引導進一步思考,他的心理角色就會從「旁觀者」轉變為「參與者」。這樣的心理參與,不只提升互動品質,更讓顧客開始認同方案的價值,甚至將其視為「自己的選擇」。

簡單說,顧客參與得越深,決策的意願就越強。業務若能善用傾聽、複述與提問三部曲,讓顧客走進對話、站上立場、說出需求,就等於悄悄將「我的問題」變成「我們的解法」。這種由心理參與帶出的認同,是最強大的成交催化劑。

## 第五章　業務溝通的心理戰與說服術

### 複述的力量：讓顧客感覺「你真的懂我」

複述不只是禮貌，而是一種心理暗示，讓顧客感覺「你聽進去了」。具體操作：

- 確認需求複述：「剛剛聽您說，目前流程卡關的點是在部門合作溝通上，對嗎？」
- 重點複述：「所以您的首要目標其實是縮短交期，價格反而不是首要考量，這點我理解了。」

透過這樣的回應，顧客的心聲被具體地「再現」，不僅讓他安心，也幫助業務確認理解無誤。

### 提問的技術：誘發顧客自我探索

好的提問不是審問，而是誘導顧客說出更多的潛在需求與想法。提問類型包括：

- 開放式提問：「您怎麼看待目前市場的變化對貴公司的影響？」
- 澄清式提問：「所以您說的挑戰，主要來自技術還是組織文化的限制呢？」
- 假設式提問：「如果這問題能在三個月內解決，對您的業務發展會有什麼影響？」

◆ 反思式提問：「您覺得目前的流程，在哪個環節優化空間最大？」

## 市場案例：複述＋提問的實戰效益

一位行銷顧問在與傳產客戶洽談數位轉型方案時，採取「聽一段話就複述、再丟一個問題」的節奏。結果原本對數位轉型抗拒的傳產董事長，在對話過程中不知不覺說出了「其實我們也知道不轉型不行」，最終轉為主動詢問解決方案。

## 複述＋提問的五大好處

(1) 強化理解與確認：減少誤解與資訊遺漏。

(2) 激發顧客思考：幫助顧客釐清自己真正的需求。

(3) 提升對話參與度：讓顧客不只是聽眾，而是對話的主角。

(4) 建立信任與好感：顧客感受到被重視與理解。

(5) 為客製化提案奠基：收集更完整的資訊，設計更精準的解決方案。

## 話術設計：高效複述＋提問範例

「所以您目前最大的挑戰是人力效率，對嗎？如果我們有解決方案能減少 20% 的工時，這對您會是值得嘗試的嗎？」

## 第五章　業務溝通的心理戰與說服術

「我聽出來您對成本控制很重視，那如果成本可以降低，但交期要多一週，您覺得哪個比較優先？」

## ▍業務的心法：說一分，聽二分，問三分

真正有力量的對話，不在於你說得多精采，而在於你是否**問得巧、聽得深、複述得準**。頂尖業務懂得放下話術，改用「複述＋提問」的節奏，來打開顧客的心理開關。

當你能精準複述對方的觀點，顧客會感受到被理解的尊重；當你能適時提出深度提問，顧客會被迫進入思考與自我覺察的狀態。這樣的對話過程，不只是溝通，更是一種引導——讓顧客在你的陪伴下，一步步走向認同與決策。

說得多不等於說得對。真正能促成成交的，是讓顧客「說出自己為什麼需要你」，而不是你「說服他為什麼該買」。掌握這樣的節奏，就是掌握成交的關鍵節點。

## ▍參與感決定成交感

銷售不是單向的說服，而是雙向的參與。當顧客因你的複述與提問而參與其中，他就不再只是「被賣東西的人」，而是「共同設計解決方案的夥伴」。

記住，參與感愈深，成交感愈強。用「複述＋提問」，讓顧客參與其中，成交的機率，就在對話裡悄悄拉高。

## 第三節　用故事賣價值而非賣功能

### 功能打不動人，價值才是成交關鍵

業務在銷售過程中，最常犯的一個致命錯誤，就是花太多時間強調產品的功能與規格，卻忽略了顧客真正關心的問題是：「這對我有什麼幫助？」

心理學家傑羅姆・布魯納（Jerome Bruner）曾指出，人們對透過「故事」傳遞的資訊，記憶力是單純陳述數據的22倍。換句話說，若你只講規格、參數和效能，顧客聽完很快就遺忘；但若你講一個與他情境貼近、情感共鳴的真實故事，顧客不只會記住，還會開始產生價值感。

這也說明了：銷售不是在報告功能，而是在講述「他人的成功經驗」，讓顧客看到「那也可能是我」的畫面。

數據說服理性，故事打動人心。當你把產品優勢包進一個真實、有共鳴、有轉折的故事中，顧客才會真正理解你的解決方案不只是功能，而是改變他現狀的可能。這，就是價值真正被「感受到」的那一刻。

## 第五章　業務溝通的心理戰與說服術

## 價值與功能的差別：心理訴求的落差

### 1. 功能訴求

「我們的掃地機器人有超音波感應、防跌落設計。」

### 2. 價值訴求

「用我們的掃地機器人，讓你下班回家時，地板永遠乾淨，家裡就像五星飯店。」

前者講規格，後者講生活情境與情緒滿足。價值，是顧客想像出「擁有後的美好畫面」，這才是購買的動力來源。

## 故事的力量：心理學的佐證

心理學上的「運用故事增強說服力」理論指出，故事可以降低顧客的防禦心，因為人在聽故事時，大腦的多重區塊被啟動，情緒、同理心、想像力同時運作。這讓顧客對方案產生「情感連結」，進而降低理性上的排斥。

## 設計故事的三個步驟

### 1. 找到顧客的痛點與渴望

了解對方最想解決什麼問題、最渴望的改變是什麼。

## 2. 舉實例佐證

「我們有位客戶跟您背景類似,他們原本也煩惱轉型無法推進,但用了我們的方案後……」

## 3. 畫面感與情緒化描述

「當時他們的業務經理說,第一次看到每月報表不用加班到凌晨,感覺人生都輕鬆了。」

## ▌市場案例:故事創造價值

某家具品牌業務銷售沙發時,不是說「這是全牛皮、德國工藝」,而是這樣說:「有位客戶告訴我,買了這組沙發後,每次親朋好友來都誇家裡好有品味,他說:這沙發不是坐的,是在家裡『變成大人物』的象徵。」

結果這樣的敘事,讓原本只是想換沙發的顧客,產生了「我想要這樣的生活格調」的心理動力,成交率大幅提升。

## ▌故事類型設計:四大模式

(1)問題解決型:「客戶原本遇到什麼困難,我們如何協助改善。」

(2)願景實現型:「透過產品,顧客實現了什麼人生目標或企業成就。」

(3) 對比型:「使用前後的生活或工作差距,透過強烈反差吸引注意。」

(4) 情感連結型:「某個情境、情緒的記憶,如家庭、朋友、成就感。」

## 業務的話術轉換:從功能到故事

### 1. 功能式說法

「這套系統具備即時預警機制,可在異常發生時立即通知使用者。」

### 2. 故事式說法

「我們有個客戶曾因為這套即時預警系統,及時發現了產線異常,成功避免一次超過百萬元的損失。他後來跟我們說:『那天我才真正意識到,風險從來不是假設,而是分秒之間會發生的事。』」

透過這樣的故事敘述,顧客不只聽到功能,更能感受到情境與價值,讓產品從冰冷的技術,轉化為與他切身相關的解決方案。這才是打動人心的銷售說法。

## 故事的敘事節奏:鋪陳、轉折、高潮、解決

(1) 鋪陳:描述客戶的困境與情境。

(2) 轉折:問題持續惡化或影響層面擴大。

(3)高潮：出現決定性痛點或挑戰極限。

(4)解決：透過產品／服務的導入，逆轉局勢。

## 業務是說書人，不是解說員

頂尖的業務，從不只是產品的解說員，而是顧客夢想與問題的說書人。用故事串連功能與價值，用畫面感打開顧客的情感共鳴，成交就不再是冷冰冰的數據比拚，而是一場讓顧客覺得「這就是我要的」的心理共振。

記住，賣功能，顧客記不住；賣故事，顧客忘不了。讓故事成為業務對話的核心，價值的傳遞就無往不利。

# 第四節　設計對方認同的「利益交換」

## 溝通的本質：一場交換的藝術

銷售從來不是單方面的說服，而是一場彼此利益交換的對話。心理學家亞當・格蘭特（Adam Grant）在《給予：華頓商學院最啟發人心的一堂課》中提到，商業世界的合作關係多建立在互利的基礎上。顧客之所以願意成交，絕非單靠業務的熱情或產品的優勢，而是他認為：「這交易，我得到了比付出更多的好處。」

## 第五章　業務溝通的心理戰與說服術

### 什麼是利益交換？

利益交換指的是，業務在銷售過程中，設計出讓顧客「覺得划算、值得、甚至占便宜」的對價關係。這種感受，不一定是價格上的折扣，更多是心理價值的提升：

- 「我用合理的代價，換來更高的效益。」
- 「這不只是交易，是合作或關係的開端。」
- 「我獲得了專業建議、資源、便利、成就感等額外好處。」

### 心理學的交換原則：互惠原則

心理學家羅伯特・席爾迪尼（Robert Cialdini）在經典著作《影響力》中指出，**互惠原則**是人類社交互動中最根深蒂固的心理機制。當一方主動釋出善意、提供幫助或給予資源，另一方往往會產生一種內在壓力，想要透過某種方式回報，以維持關係的平衡與尊重。

應用在業務情境上，這代表：當業務願意在尚未成交前，先提供對顧客真正有價值的資訊、建議或協助，就能自然觸發對方的「回應機制」，讓顧客更容易主動釋出信任、願意傾聽，甚至更願意走向成交。與其急著要求對方買單，不如先誠意給出一些東西，因為你給的每一分價值，最終都會在信任與業績中回來。

## 第四節　設計對方認同的「利益交換」

### 設計利益交換的四個層次

(1) 資訊交換：提供產業趨勢、專業建議，讓顧客覺得即便不買也學到東西。

(2) 資源交換：如引薦其他合作夥伴、提供額外資源或加值服務。

(3) 情感交換：經由認同、理解與情緒支持，建立心理連結。

(4) 利益交換：價格、條件、付款方式的彈性設計，讓顧客覺得物超所值。

### 市場案例：利益交換的成功應用

某顧問公司在推廣企業內訓課程時，並不直接推銷，而是先免費為企業提供「組織問題診斷報告」，並附上一場免費的內部說明會。企業即便未立即購買，也覺得「拿到一份專業的分析報告很值得」，最終超過70%的企業選擇付費導入完整訓練方案。

### 設計利益交換的話術範例

(1)「即使貴公司不選擇我們，我們也願意協助您診斷目前的流程瓶頸，這是我們對產業專業的承諾。」

(2)「我們不只是一個供應商，更是貴公司未來成長的夥伴，這邊有我們專為客戶設計的產業洞察資料，讓您們參考。」

(3)「如果您考慮合作，我們可以協助貴公司對接我們的合作夥伴資源，這樣整個方案的效益會放大。」

## 利益交換不等於降價

許多業務誤以為「利益交換」就等於「讓利、打折」。實際上，降價只是最粗暴的利益交換，真正的高手是設計出『讓顧客覺得得到更多』的方案，即便價格不降，顧客也覺得值。

例如：

- 提供延長保固、增值服務；
- 提供專屬客戶的技術支持專員；
- 設計成長型方案，讓顧客隨需求擴大而不必一次投入過高成本。

## 業務的利益交換設計檢核表

| 檢核項目 | 核心問題 | 檢視目的 |
| --- | --- | --- |
| 1. 顧客關注點 | 顧客最在意的是價格、品質、服務，還是整體效益？ | 判斷交換重心，避免用錯賣點切入 |
| 2. 願意加值的內容 | 顧客願意為什麼額外價值多付一些？ | 探索價值感來源，設計合理加值方案 |

| 檢核項目 | 核心問題 | 檢視目的 |
|---|---|---|
| 3. 我方優勢資源 | 有哪些我能提供的東西，成本不高但顧客會有感？ | 善用邊際成本低但情緒價值高的資源 |
| 4. 交換後的心理感受 | 顧客是否在交換後感受到「我賺到了」的情緒？ | 檢查交換是否真正創造心理認同與滿意感 |

這張表可用於銷售準備階段，協助業務設計出更有策略的「雙贏交換方案」，讓顧客不僅理性接受，更在情感上產生價值共鳴。

## 交換設計決定成交的感受

成交從來不是「我說服你」，而是「我給了你值得交換的好處」。當業務懂得設計對顧客有感的利益交換，對話就不再是單純的銷售，而是雙方在商業上尋找最舒適、最合理的合作位置。

記住，成交的本質是交換，只有讓對方覺得「賺到」，成交才會變得自然。讓利益交換成為你業務對話的潤滑劑，成交的速度與品質就會同步提升。

# 第五節　感同身受的同理心話術

## 銷售不是硬推，而是心理上的同行

在業務的溝通裡，有時候顧客拒絕的並不是產品本身，而是拒絕一種「被不理解」的感受。心理學家卡爾・羅傑斯

(Carl Rogers)提出,同理心是人際關係建立的基石,特別在銷售場景中,業務展現的同理心,往往決定了顧客是否願意繼續對話。

同理心話術,不只是「我懂你」,而是讓顧客真實地感受到:「你了解我的處境、焦慮與掙扎」,進而讓心理距離被拉近,信任感在無形中生成。

## 同理心的心理學機制:情緒共振

「情緒共振」是心理學中描述的現象,當一個人感受到對方理解並認同自己時,內心的防衛機制會下降,信任與接納度自然提升。業務若能在對話中創造這樣的共振,顧客的戒心將不攻自破。

## 同理心話術的三大步驟

(1)情緒辨識:捕捉顧客話語中的情緒,例如焦慮、無奈、壓力。

(2)感受回應:用語言回饋對方的情緒狀態,「我聽得出來,這對您壓力真的不小。」

(3)立場理解:「如果我是您,面對這樣的狀況我也會擔心是否能真的改善。」

這三步驟讓顧客知道,你不只是聽見了他的「問題」,更是理解了他「心裡的聲音」。

## 第五節　感同身受的同理心話術

## 市場案例：同理心贏得決策權

某設備銷售業務，面對一位工廠負責人對更換設備的遲疑，並沒有急著說服，而是說：「我知道對您來說，換設備不只是投資金額的問題，還有員工的適應期與可能影響產線進度，這種壓力誰承擔誰知道。」

這番話讓原本防備心重的負責人放下心防，進一步敞開談「真正的顧慮」，最終順利推動案子成交。

## 同理心話術範例

（1）「我理解在您的位置，壓力不只是解決問題，還要考慮到預算、時間、甚至團隊配合。」

（2）「聽得出來，您真的很希望這次方案能一步到位，省去反覆調整的麻煩。」

（3）「如果我是您，看到過去類似方案的失敗案例，的確會擔心是否又是一場賭注。」

## 同理心不是附和，而是心理上的並肩

許多業務誤以為同理心就是「一直說好」，其實真正的同理心是：

- ◆ 認同對方的感受，但不失專業的判斷；
- ◆ 在同理的基礎上，提供解決方案與專業建議。

## 第五章　業務溝通的心理戰與說服術

例如：「我知道您擔心成本，但從我們的經驗來看，若不改善這個流程，後續的維修與損耗成本可能會更高，這是我們不希望您面對的隱性風險。」

## ▍培養同理心話術的練習法

（1）記錄顧客的情緒用詞與描述，並內化成自己的話語。

（2）每次會議結束，反思顧客的情緒狀態變化，思考是否有成功共振。

（3）透過提問了解顧客的心理底層：「這對您來說，壓力最大的點在哪？」

## ▍同理心是業務的心錘

在銷售的每一場對話裡，業務若只用產品敲門，顧客未必願意開門；但如果用同理心敲擊顧客的心，對方不但開了門，還會請你進來喝杯茶，聊聊未來合作的可能性。

記住，銷售的最高境界，是心理的並肩。同理心話術不僅讓成交變得自然，更讓業務成為顧客眼中「真正懂他的人」。

## 第六節　身體語言的潛溝通技術

### 語言之外,潛溝通更有力量

你的眼神是否真誠、肢體是否自然、聲音是否穩定,都會直接影響顧客對你專業與可信度的判斷。連呼吸節奏、停頓時機,也可能在無形中傳遞出你的自信或焦慮。這些非語言訊號,往往比言語本身更能打動人心,甚至決定顧客是否願意繼續聽你說下去。

### 潛溝通的本質:情緒與誠意的直覺感受

在心理學與人際溝通研究中,「潛溝通」指的是那些雖未明說,卻深刻影響對方感受與判斷的非語言訊息。這包括肢體動作、語調節奏、面部表情與整體情緒投射。顧客可能不會直接說出口,但對業務的氣場、自信程度與真誠感,往往會在下意識中被感知與解讀,進而影響是否信任、是否願意成交。

### 業務常見的肢體語言錯誤

(1)眼神閃爍:不敢直視對方,傳遞出不自信或有所隱瞞的訊號。

(2)手部亂動:過度的手勢或擺弄物品,讓人感覺不穩定或焦慮。

(3)坐姿前仰後仰：過於放鬆或過度緊繃，皆讓人覺得不專業或防備。

(4)表情僵硬：缺乏適時的微笑或表情變化，顧客難以產生親近感。

## 潛溝通的關鍵技巧

### 1. 眼神鎖定與節奏

對話時，適度直視對方的眼睛，搭配點頭與微笑，形成節奏感，避免直視過久造成壓力。

### 2. 鏡像反應

微幅模仿對方的姿勢或動作，產生潛意識的同步感。心理學稱之為「鏡像神經元效應」，有助於拉近距離。

### 3. 開放式肢體

避免雙手交叉、雙腿交叉等防備姿態，改以雙手自然放置或輕扶桌面，傳遞開放與包容的訊息。

### 4. 穩定的語調與呼吸

呼吸平穩，語調適中有抑揚，避免快語急促，讓顧客感覺業務自信而有底氣。

## 市場案例：肢體語言扭轉局勢

某科技業業務在與一位冷漠的採購經理洽談時，發現對方雙手交叉、身體後仰。業務刻意調整為身體微前傾，語調放慢，同時在回應時輕點桌面強調重點。幾次對話後，採購經理逐漸放鬆坐姿，雙手改為平放桌面，溝通氛圍也隨之緩和，最終打開對話的突破口。

## 身體語言與情緒共振

身體語言不僅影響對方，更回饋自身的情緒。心理學研究指出，當一個人刻意調整自己的姿態（如挺胸、放鬆肩膀），自我感受的信心也會提升。業務可透過「身體引導情緒」，在談判前透過深呼吸、穩定坐姿來強化心理狀態。

## 話術搭配身體語言的範例

（1）強調時搭配手勢：「這個方案，有三個最重要的優點。」（同步豎起三指）

（2）傳達誠意時前傾：「我非常理解您的顧慮，我們有準備具體的風險控制方案。」（微前傾，眼神專注）

（3）強調信心時挺直坐姿：「我們對這方案的效果有絕對信心，能夠幫助您解決問題。」

### 第五章　業務溝通的心理戰與說服術

## 身體語言的培養與練習

（1）錄影自我檢視：模擬銷售簡報或對話，錄影檢查自己的肢體語言與表情。

（2）鏡子練習眼神與表情：練習自然的眼神交流與微笑。

（3）緩慢的語速訓練：控制語速讓自己有餘裕搭配合適的手勢與停頓。

（4）模仿學習：觀察專業講者、成功業務的肢體表達，刻意練習其節奏與動作。

## 用身體說話，潛溝通先成交

身體語言是銷售對話的潛臺詞，懂得掌握潛溝通的力量，才能在顧客心裡悄悄加分。

記住，成交的關鍵不只在話術，而在於每一個眼神、手勢與呼吸間的穩定與自信。讓潛溝通成為你無聲的說服武器，讓顧客在未開口答應之前，心裡就已經答應。

## 第七節　面對不同性格顧客的對話策略

### 顧客性格不同，對話策略必須調整

業務與顧客的每一場對話，都像是在跳一場雙人舞。如果業務只用同一種節奏、同一套話術面對所有人，終將踩到顧客的腳。心理學研究指出，不同性格的人對溝通的接受度、節奏、資訊量皆有顯著差異。業務若能洞察對方性格，並設計對應的對話策略，成交的可能性將大幅提升。

### 性格類型劃分：四大人格模型

根據心理學中的 DISC 人格理論，顧客大致可劃分為四種性格類型：

- 主導型 (D)：目標導向，喜歡掌控、決策迅速，不耐煩冗長解釋。
- 影響型 (I)：感性、重視關係與氛圍，容易被情緒與人情打動。
- 穩健型 (S)：穩定、重安全感，不喜歡冒險，決策保守。
- 分析型 (C)：重邏輯與細節，決策前需要大量數據與驗證。

## 第五章　業務溝通的心理戰與說服術

# ▍面對不同性格的溝通策略

### 1. 主導型顧客

- ◆ 對話節奏：直接、快速切入重點。
- ◆ 說服重點：強調成效、效率、如何讓他贏得市場競爭。
- ◆ 忌諱：長篇敘述、過度鋪陳情感。

話術範例：「我們的方案能讓貴公司生產效率提升 30%，這是市場領先的關鍵。」

### 2. 影響型顧客

- ◆ 對話節奏：氣氛輕鬆，適度加入幽默或生活化話題。
- ◆ 說服重點：強調使用後的成就感、別人怎麼看、同業的採用案例。
- ◆ 忌諱：太過生硬或過度數據化的對話。

話術範例：「這方案導入後，我們很多客戶在業界的能見度大幅提升，大家都在討論他們的改變。」

### 3. 穩健型顧客

- ◆ 對話節奏：緩慢、溫和，給足對方思考時間。
- ◆ 說服重點：強調穩定性、售後服務、風險控管。
- ◆ 忌諱：過度逼單、壓迫感。

### 第七節　面對不同性格顧客的對話策略

話術範例：「我們這方案最大的優勢是穩定與安全，而且我們的售後團隊會全程支援，讓您無後顧之憂。」

#### 4. 分析型顧客

- 對話節奏：邏輯清晰，提供數據佐證，避免情緒化語言。
- 說服重點：資料、數據、案例分析、投資報酬率。
- 忌諱：空泛的承諾或缺乏證據的保證。

話術範例：「這是我們過去三年在同產業的數據報告，平均每家客戶的成本節省比例達 25%。」

## 市場實例：性格調適促成合作

某 B2B 業務在拜訪一家電子零組件公司時，初步對接的採購主管性格偏分析型，業務特別準備了完整的成本、效益、產能提升報表。當進一步接觸到決策的副總時，發現對方屬於主導型，便直接用一頁簡報呈現「產能提升數字」與「市場競爭優勢」，最終成功促成合作。

## 快速辨識顧客性格的提問與觀察

「您在選擇供應商時，最重視的點是什麼？」

- 看對方談話中，是重數據（分析型）、重關係（影響型）、重結果（主導型）還是重穩定（穩健型）。

◆ 觀察對方回應的速度與風格，急躁快語多為主導型，細膩慢思多為穩健或分析型。

## 業務自我練習：建立性格對應話術庫

（1）準備四種性格的對應話術模型。

（2）每次接觸顧客後，記錄對方性格與溝通反應，優化策略。

（3）練習切換語速、語調、資訊深度，對應不同性格需求。

## 識人對話，才是真正的業務力

頂尖業務的對話，就像一套量身訂製的西裝——唯有剪裁合身，才能展現質感與專業。每位顧客都有不同的性格特質與溝通風格，業務若能精準辨識，並調整對話策略，就能讓顧客在互動中感受到：「你很懂我。」這份被理解的感受，就是信任的起點，也是促成成交的關鍵。

記住，業務從來不是靠一套話術打天下，而是根據每一位顧客的性格、思考模式與情緒節奏，選擇對的語言、用對的語氣，說進對方的心坎裡。真正厲害的業務，不是話說得多，而是話說得剛剛好。

# 第六章
# 打造你的銷售提案力

# 第六章　打造你的銷售提案力

## 第一節　提案開場的第一分鐘要抓住人心

### 提案開場，決定成敗的黃金一分鐘

在銷售提案的戰場上，開場的第一分鐘，往往就是成敗的分水嶺。作家暨決策心理研究者**麥爾坎·葛拉威爾**（Malcolm Gladwell）在暢銷書《決斷兩秒間》中指出，人們對陌生人的第一印象，常在幾秒鐘內迅速成形，且一旦形成，便難以撼動。

這項現象也有心理學實驗支持，例如普林斯頓大學的研究發現，人們在極短時間內就會對他人做出可信度與能力的潛意識判斷。而在提案現場，若業務無法在一開始就抓住評估團隊或決策者的注意力，後面的內容再精采，也可能淪為「無感資訊」或背景噪音。真正關鍵的，是**你如何在第一分鐘內，讓對方相信你值得繼續聽下去**。

### 為何第一分鐘這麼重要？

（1）建立專業與信任的基礎：對方會在第一分鐘內評估「這個人是否值得聽下去？」

（2）掌控對話的主導權：如果一開始就沒抓住場子，後面容易被打斷或被動應對。

（3）激發對方的問題意識：開場若能點出對方的痛點或市場變局，對方自然全神貫注。

## 開場的心理學策略：先觸動，再說服

根據心理學中的「初始效應」（Primacy Effect），人在接收資訊時，第一印象所產生的情緒與判斷，會深刻影響後續的理解與態度。這在銷售提案中同樣適用：開場不只是破冰，更是影響整場提案氣氛與邏輯接受度的關鍵時刻。

因此，頂尖業務在設計開場時，應掌握「先情緒、後理性」的策略，讓顧客先在情感上被喚醒，再在理性上願意傾聽。具體可依循以下三步驟：

### 1. 鋪陳痛點或市場挑戰

一開場就說出對方可能面臨的難題，讓顧客感受到「你懂我們的處境」。

### 2. 呼應對方當前關注議題

針對近期的產業趨勢、公司變動或市場壓力，展現你對現況的掌握與敏感度。

### 3. 預告提案的核心價值

清楚傳遞「我今天來，是為了解決你現在最在意的問題」，建立期待感與聆聽動機。

這樣的開場，不僅抓住了心理學的節奏，更有效建立信任與對話基礎，讓後續的提案內容不再只是被動聽取，而是主動吸收。

# 第六章　打造你的銷售提案力

## 開場的五大技巧

### 1. 數據震撼法

以一組市場或產業的關鍵數據開場,例如:「根據 2024 年市場調查,臺灣製造業在數位轉型失敗率高達 X%。這代表什麼?代表轉型對的夥伴,比工具更重要。」

### 2. 故事引導法

分享一個業界或類似客戶的真實故事,勾起情緒與共鳴。「去年我們協助一家與貴公司類似規模的企業,在半年內將客戶投訴率降了 40%。當時他們面臨的挑戰是⋯⋯」

### 3. 問題拋出法

用提問激發對方思考:「如果貴公司未來兩年,營運成本仍然居高不下,對市場競爭力會有什麼影響?」

### 4. 願景描繪法

直接描繪未來可達成的目標或願景:「我們今天的提案,不只解決眼前的流程問題,更是為貴公司打開海外市場的鑰匙。」

### 5. 趨勢連結法

把提案與產業趨勢連結,突顯「不做就落後」的危機感:「在全球供應鏈重組的大趨勢下,不掌握數據決策的企業,未來將無法競爭。」

## 第一節　提案開場的第一分鐘要抓住人心

### 市場實例：開場致勝的關鍵

某 SaaS 業務在對一家食品加工企業提案時，開場就引用：「2023 年，食品業者因生產線數據不透明，平均損耗成本達年營收的 12%。」一句話就讓對方財務主管豎起耳朵。接著才進入解決方案，最終獲得跨部門的高度關注與支持。

### 業務開場話術範本

**1. 數據開場**

「貴產業今年的營收成長率不到 3%，而數位轉型企業卻成長了 12%。這是我們今天想與您討論的核心原因。」

**2. 故事開場**

「我們有個客戶，當初跟您一樣對轉型存疑，但一年後，他們的毛利率提升了 5%。他們怎麼做到的？這就是今天的重點。」

**3. 問題開場**

「您認為，如果明年市場縮水 10%，貴公司準備好用什麼策略迎戰了嗎？」

## 第六章　打造你的銷售提案力

### ▌開場的禁忌

（1）自我介紹冗長：提案開場不需要長篇自我介紹，公司簡介可以後放。

（2）無關痛癢的寒暄：適度的寒暄即可，過頭反而浪費決策人的耐性。

（3）直接進入產品規格：沒有鋪陳痛點就講功能，只會被貼上「賣東西」的標籤。

### ▌練習與自我檢核

（1）每次提案前錄製一分鐘開場，檢視是否有數據、故事、問題或願景。

（2）請同事或主管聆聽，給予「是否想聽下去」的回饋。

（3）針對不同產業、決策人，準備至少三種開場腳本，靈活切換。

### ▌一分鐘內抓住，後面才有機會

提案不是產品秀，而是心理戰。第一分鐘抓不住人心，後面就是自己在表演；第一分鐘吸引了，後面對方會主動想知道「接下來呢？」

記住，業務的提案開場，就是要讓決策人有種「這跟我有關，不能不聽」的感覺。只要這個開場打對了，提案就贏了一半。

## 第二節　如何讓提案聚焦在顧客痛點

### ▌提案的致命錯誤：講自己太多，講顧客太少

許多業務提案時，常陷入自家產品功能、歷史沿革、公司規模的長篇鋪陳，卻忽略了決策人真正關心的問題：「這跟我有什麼關係？」心理學家丹尼爾·康納曼（Daniel Kahneman）在《快思慢想》中指出，人類的決策偏好以「損失厭惡」與「問題導向」為核心。這代表：只有當提案直指顧客的痛點，才能打開對方的決策慾望。

### ▌什麼是痛點？

痛點不只是顧客「不滿意的地方」，更是「不解決就會付出代價的問題」。依照顧客心理，痛點大致可分為三類：

（1）顯性痛點：顧客自己知道，且會主動提起的問題，例如「營運成本太高」、「人力不足」。

（2）隱性痛點：顧客未必意識到，但業務可透過觀察或提問發現的問題，例如「流程瓶頸」、「數據不透明」。

(3)策略性痛點：關聯到未來發展或市場競爭的長期風險，如「數位轉型滯後」、「技術老化」。

## 聚焦痛點的心理學基礎：痛苦比快樂更驅動行動

「損失厭惡」理論說明，人對損失的痛苦感受，遠比獲得的快樂來得強烈。業務若只談「產品的優點」，顧客可能無感；但若直接點出「不解決這痛點，未來將付出什麼代價」，對方的決策動力會立刻提升。

## 尋找顧客痛點的實用方法

(1)深入訪談：在提案前與不同部門的關鍵人訪談，掌握組織內部的痛點分歧。

(2)市場數據比對：用產業數據對比顧客現況，找出落差。

(3)觀察現場流程：若有機會實地觀察，親自找出流程的瓶頸與低效率處。

(4)競爭對手分析：了解競爭對手的優勢，反推顧客的潛在焦慮。

## 市場案例：痛點聚焦的提案實例

某顧問公司協助製造業導入數據平臺，提案前先與產線主管、IT部門、財務主管三方深談，發現彼此痛點不同：產線要

## 第二節 如何讓提案聚焦在顧客痛點

效率、IT 要穩定、財務要降低成本。提案時,業務依這三種痛點設計專屬頁面與解決方案,最終獲得決策團隊全員支持。

## ▍提案聚焦痛點的結構設計

### 1. 痛點描述

精準點出問題,並量化問題的影響。例如:「目前貴公司交期平均延遲率達 15%,每年因此流失的訂單預估超過千萬元。」

### 2. 痛點加劇

說明若不解決,未來的風險或損失會更大。「隨著市場競爭加劇,交期不穩將直接影響品牌信譽,甚至導致客戶流失。」

### 3. 解決方案

針對痛點提出專屬對策,而非千篇一律的產品功能說明。

### 4. 預期成效

明確告知採用後可改善的具體成果或數據預測。

## ▍業務話術設計:直擊痛點的對話範例

(1)「我們發現,您們目前的客戶流失率比產業平均高了 8%,若不改善,預估明年營收會再下降 3%。」

(2)「這問題其實不只是流程的問題,而是未來擴產時,成本會隨之被放大,這是我們特別關注的地方。」

### 第六章　打造你的銷售提案力

（3）「您會不會也擔心，當競爭對手已經導入自動化，貴公司還在手工階段，未來市場競爭力會有落差？」

## 聚焦痛點的提案呈現技巧

（1）每頁簡報設計一個痛點＋一個解法。

（2）用數據與案例證明痛點真實存在。

（3）用視覺化圖表呈現痛點帶來的損失與改善後的效益對比。

## 只有痛點，才有決策力

一場提案，若只是圍繞著「我有什麼」、「我能做什麼」，而沒有對焦在「你現在缺什麼」、「你正面臨什麼困境」，那對顧客而言，這不過是一場資訊簡報，而不是一個非買不可的解方。

真正能打動顧客的提案，從來不是把產品說得多好，而是讓顧客深刻意識到──**自己有個無法忽視的問題，而你正好能解決它。**

記住，成交的第一步，不是讓顧客看見你的價值，而是讓他痛到無法忽視現狀。當痛點被點中，動機才會浮現；當動機啟動，解決方案才真正有進場的空間。提案的關鍵，不是介紹產品，而是打開對方的改變意願。

# 第三節
## 框架設計：賣解決方案，不是產品

### ▍業務提案的迷思：推銷產品，而非解決問題

多數業務在提案時，常聚焦在產品的功能、特色與技術優勢，卻忘了顧客真正關心的從來不是產品本身，而是「這能幫我解決什麼問題？」心理學家亞伯拉罕·馬斯洛（Abraham Maslow）在需求層次理論中指出，人類的動機來自於需求被滿足的渴望，商業決策亦然。若無法將產品包裝為「一套完整的解決方案」，顧客看見的永遠只是冰冷的商品，而非迫切需要的助力。

### ▍什麼是框架設計？

框架設計指的是，業務在提案時，透過重新包裝與組合，把產品融入一個完整的「解決方案」框架中，讓顧客從「我在買什麼」轉為「我在解決什麼」。

框架設計的關鍵：

- ◆ 問題框架：讓顧客看到他正處於什麼樣的問題情境。
- ◆ 目標框架：顯示顧客可以達成什麼目標。
- ◆ 路徑框架：告訴顧客怎麼走到目標，產品就是這條路上的關鍵工具。

## 第六章　打造你的銷售提案力

### 心理學支撐：框架效應（Framing Effect）

心理學家丹尼爾‧康納曼（Daniel Kahneman）與阿摩司‧特沃斯基（Amos Tversky）在「前景理論」中提出了著名的框架效應（Framing Effect）：人們對同一件事物的判斷，會因為訊息的表述方式不同而產生完全不同的感受與決策。

這項理論廣泛應用於商業與行銷領域。例如：業務若說「我們的系統可以自動化某流程」，顧客可能覺得只是功能展示；但若換句話說：「我們的方案可協助您降低30％人力成本」，就會讓顧客明確感受到實際效益，進而提高興趣與成交機率。

在銷售現場，話怎麼說，遠比你說了什麼更重要。

### 框架設計的三大步驟

**1. 先賣解決方案，再說產品功能**

「我們今天帶來的不只是產品，而是一套專門針對『交期不穩、品質控管困難』的全流程優化方案。」

**2. 用顧客視角重構產品價值**

「這個功能可以幫助您在資料分析時減少50％的錯誤率，這對您們決策速度的提升至關重要。」

### 3. 搭配情境與願景

「想像一下，當您可以隨時掌握產線數據，市場變化再快，您都能即時應對。」

## 市場案例：框架設計的成功運用

某系統整合商不直接賣 ERP，而是用「智慧製造一條龍解決方案」作為提案主軸，將 ERP、MES 系統、資料分析服務組合為一個「降低成本、提升產能、強化市場反應力」的整合方案。即便價格高於單一產品，客戶仍願意買單，因為感覺「這是完整解決方案」。

## 框架設計的提案結構範例

（1）痛點揭示：開場直指顧客當前的問題與挑戰。

（2）解決方案框架：將產品、服務與顧問諮詢打包成完整的解決路徑。

（3）差異化優勢：為何我們的解決方案比競爭對手更有效？

（4）預期成效與未來圖像：呈現導入後的改善數據、效益，及未來的擴充性。

## 第六章　打造你的銷售提案力

### 業務話術轉換：從產品到解決方案

（1）產品導向說法：「我們的系統有 AI 智慧預測功能。」

（2）解決方案說法：「透過 AI 智慧預測，您的庫存週轉率將提升 20％，避免囤貨與缺貨問題。」

### 顧客感受的心理轉換

（1）沒框架的提案：「你在賣東西。」

（2）有框架的提案：「你在幫我解決難題。」

### 不賣產品，賣的是「助力」

業務的提案力，來自於是否能把產品「框架」成對顧客有意義的解決方案。別再只是功能解說員，成為顧客問題的解題者。只有這樣，顧客才會覺得買的不是商品，而是邁向成功的助力。

記住，成交的本質，是顧客對未來美好圖像的買單。框架設計，就是把這幅圖畫給對方看。

## 第四節 「價值疊加」讓報價更有說服力

### ▌報價的誤解：價格只是一串數字，價值才是關鍵

許多業務在報價時，習慣直接提供金額與項目明細，卻忽略了一個心理關鍵點：顧客在看到數字的那一刻，心裡真正想問的，往往不是「多少錢」，而是「我花這筆錢到底值不值得？」

心理學家、諾貝爾經濟學獎得主理查·塞勒（Richard Thaler）在其「心理帳戶理論（Mental Accounting）」中指出，人們對金錢的評估，往往受到用途分類、情境與情緒的影響，而非單純的數字邏輯。換句話說，**顧客買的是感覺划算，而不是精算便宜。**

因此，若業務只報出價格，卻沒有在事前持續累積價值感，顧客就容易直覺認定「這價格太貴」。相反地，若能讓顧客先感受到潛在效益、解決的痛點與情境改善，價格就會從「成本」轉化為「值得投資」的心理帳戶，成交也將順理成章。

### ▌什麼是價值疊加？

價值疊加是指：在報價時，不只是列出產品或服務的價格，而是透過設計「一層又一層的附加價值」，讓顧客覺得「我不是只買產品，而是買一整套超值的方案」。

## 第六章　打造你的銷售提案力

### ▌心理學支撐：定錨效果與價值認知

根據「定錨效果」理論，人們對價格的接受度，取決於最先接觸到的「價值感參考點」。業務在報價前，若先建立「這方案能為顧客創造多少效益」，再給價格，顧客就會覺得「這價格跟帶來的價值相比，其實很合理」。

### ▌價值疊加的設計四步驟

（1）功能價值：基本產品或服務的直接效用。

（2）延伸價值：額外的配套服務或保障，例如保固、技術支援、教育訓練。

（3）情感價值：強調合作帶來的品牌形象提升、顧客認同感。

（4）未來價值：未來可擴充的彈性、長期效益的預期。

### ▌市場案例：價值疊加的報價策略

某顧問公司在報價企業管理系統時，不單報軟體價格，而是加上：

- ◆ 專屬顧問協助導入；
- ◆ 提供三場內部教育訓練；
- ◆ 一年內免費升級與線上支援；
- ◆ 客戶專屬產業趨勢白皮書訂閱。

# 第四節　「價值疊加」讓報價更有說服力

這樣的價值疊加讓原本覺得價格高的客戶，因為感受到「這不是單純買軟體，而是整個成長計畫」，最終接受了原價。

## 報價時的話術設計

（1）「我們的價格不只是產品本身，還包含了導入過程的顧問諮詢，確保貴公司順利上線，並在第一年內達到效益目標。」

（2）「這裡面我們也提供專屬的教育訓練，讓您的團隊快速上手，避免投入後學不會的風險。」

（3）「另外，我們每季會提供專屬產業報告，協助您掌握市場動向，這是我們對客戶的長期價值承諾。」

## 視覺化呈現價值疊加

報價單或提案書建議用圖表、分層清單的方式，清楚標示：

- 基本價格包含哪些服務；
- 進階價值有哪些加值項目；
- 長期合作還能獲得什麼後續支援。

## 業務自我檢核：我的報價是否已經價值疊加？

（1）顧客除了產品，還能得到什麼？

（2）有無設計短中長期的價值交付？

(3) 我的報價是否讓顧客覺得「這價格買到的不只是眼前的東西」？

## 讓報價不只是數字，而是價值的展演

報價不是業務流程的最後一步，而是價值說服的總結。業務要做的，是讓顧客感受到「這筆錢花得值得，甚至超值」的心理感受。

記住，賣價格的人，永遠被比價；賣價值的人，才有議價的籌碼。透過價值疊加，讓報價成為顧客眼中的「高 CP 值投資」，而不只是開銷。

# 第五節　不同層級決策者的提案邏輯

## 提案沒有一體適用，決策層級不同，對話邏輯就要調整

在 B2B 銷售場景中，決策鏈往往橫跨基層使用者、技術評估者到高階拍板者，若業務仍用同一份提案去說服所有人，注定難以打中真正的關鍵角色。

心理學家霍華德・加德納提出的「多元智能理論」提醒我們：人們理解世界的方式不盡相同，資訊接收的重點會因個

人的背景、思維風格與專業視角而異。雖此理論主要用於教育領域，但也啟發我們——**溝通若不對焦對象，就無法產生影響力。**

唯有將溝通內容依據角色調整節奏與重心，才能讓每位利害關係人都感受到：這份提案，**正是為我而設計的。**

## 決策層級劃分與關注焦點

### 1. 高階決策者（董事長、總經理）

- 關注：策略布局、市場競爭、投資報酬率、品牌形象。
- 期待：提案是否能提升企業競爭力，是否值得賭一把。

### 2. 中階管理者（協理、副總、部門主管）

- 關注：部門績效、流程優化、資源分配、風險控制。
- 期待：提案能否解決部門當前的痛點，是否能讓績效更好看。

### 3. 基層使用者或影響者（工程師、操作員、專員）

- 關注：工具實用性、操作便利性、影響工作流程。
- 期待：提案後是否讓日常工作更順暢、更省力。

## 第六章　打造你的銷售提案力

## ▍提案邏輯的三層設計

### 1. 高層：講未來、講競爭力、講財務數字

- 語言：「這套方案將協助貴公司未來兩年提升市場占有率 5%。」
- 重點：投資報酬、產業趨勢、競爭優勢。

### 2. 中層：講效益、講流程、講資源分配

- 語言：「導入後，貴部門的人力效率將提升 30%，預估每年可省下 500 萬元成本。」
- 重點：部門指標改善、流程優化、跨部門合作效益。

### 3. 基層：講使用便利、講改變幅度、講實際幫助

- 語言：「這系統的介面經過簡化訓練，工程師半天就能上手，且報表一鍵匯出，節省大量時間。」
- 重點：操作簡單、維護方便、降低工作負擔。

## ▍市場案例：因層級調整提案成功

某資訊服務公司，在協助一家電子大廠導入智慧製造方案時，對董事長提案主打「降低生產週期、掌握全球競爭」。對產線主管則強調「即時監控提升產線良率」。對產線工程師

則著重「系統介面易學、減少報工失誤」。這樣的層級切分,最終讓各層都點頭,案子順利成交。

## 業務話術調整練習

(1) 準備三種版本的提案簡報,分別針對高層、中層、基層。

(2) 練習在三分鐘內用不同話術描述同一方案的不同價值點。

(3) 提前了解與會人員背景,現場靈活調整對話焦點。

## 視覺呈現的層級差異

(1) 高層:用市場圖表、投資回收模型。

(2) 中層:用流程圖、KPI 改善數據。

(3) 基層:用操作介面截圖、步驟示意。

## 一個方案,三種說法,才能打動所有人

業務若只會講功能,不懂調整話術與提案邏輯,決策層級不同的人就會有不同的「無感」。提案不只是展示,而是翻譯,把同一個方案,用不同語言說給對的人聽。

第六章　打造你的銷售提案力

記住，成交的密碼藏在你是否能說出對方在乎的話。決策層級不同，話術、資料、重點，都要跟著變，這才是專業業務的基本功。

## 第六節　提案結尾的心理收斂法

### 結尾不收斂，提案就沒有力量

在業務的提案裡，許多人花了大量時間鋪陳問題、解決方案、數據與案例，但到結尾時卻只說：「以上是我們的提案，請多指教。」這樣的結尾，等於把決策權丟回給顧客，讓對方「自己想」。心理學家丹尼爾‧康納曼（Daniel Kahneman）提出的「峰終定律（Peak-End Rule）」告訴我們，人對一段經歷的評價，取決於最高潮與結尾的感受。若提案結尾無力，前面再精采，顧客只記得「結尾的無感」。

### 什麼是心理收斂法？

心理收斂法，是一種用於提案結尾的高階說服技巧。它的核心在於：透過策略性的**語言鋪陳與訊息設計**，把顧客的注意力、情緒張力與決策思維，從分散的比較與疑慮中，有意識地引導、聚焦、收束到業務所設定的**關鍵行動焦點**上。

簡單說，提案的收尾絕不能只是句「有問題歡迎聯絡」，

## 第六節　提案結尾的心理收斂法

而是要讓對方在心理上**收住分心的枝節，鎖定核心的價值感受與採購動機**。好的心理收斂，不只留下印象，更在無形中**促發行動意願**，讓顧客在結束前，對「接下來要怎麼做」產生清晰畫面與主動性。

這就是讓顧客在邏輯上聚焦、在情緒上升溫、在行動上前進的「心理收斂法」，是將成交從模糊引導到明確的最後一哩路。

## 心理學支撐：行為科學的閉合原則

行為經濟學與社會心理學中的「認知閉合需求（Need for Cognitive Closure）」理論指出，人在面對尚未完成或模糊不清的事務時，會產生一種心理焦慮，潛意識渴望盡快獲得明確結論，以終結內在的不安感。

這個現象，在業務提案的最後階段格外關鍵。若提案結尾只是停留在資訊堆疊，而沒有明確的引導方向，顧客可能會陷入「我還要想一想」的決策停滯狀態。

相反地，若業務能在結尾給出一個具體可行的行動建議，例如：「我們建議下週安排一次 POC 驗證會議，確保技術面能如期落地」或「若您希望 7 月前正式啟動，我們可安排本月底前完成評估報告」，顧客便能感受到心理上的「封閉感」——也就是「我知道接下來該怎麼做了」。

這種心理節奏的掌握，不只是話術，而是成交節奏的設計技巧。

## 第六章　打造你的銷售提案力

## ▍提案結尾的三大心法

**1. 總結重點：再說一次痛點、解法與預期成效。**

「今天我們聚焦在協助貴公司降低生產週期、提升良率這兩大目標，透過我們的智慧製造方案，預計一年內可提升產能 15％，並降低維護成本 20％。」

**2. 引導決策：給顧客一個明確的下一步。**

「如果貴公司認同我們的規劃，下一步我們可以安排試點導入，從小規模開始驗證效益。」

**3. 情緒強化：用願景或風險激勵對方行動。**

「這不只是導入一套系統，而是幫助貴公司站穩下一個五年的市場關鍵。」

「當競爭對手都在升級，若我們還在觀望，市場空間會越來越小。」

## ▍市場案例：心理收斂促成成交

某資安服務業者在提案結尾，不是單純回顧產品優勢，而是強調：「貴公司一旦導入，將符合即將上路的資安法規，避免未來違規罰款與信譽損失。若願意，我們可以立即協助做初步的法規符合性診斷，免費的。」這樣的結尾，讓客戶不只記得方案，更有「立刻行動」的動力。

## 結尾話術設計範本

（1）「最後，我們希望貴公司思考的是，這不只是投資在一個系統，而是投資在貴公司未來的市場競爭力。」

（2）「如果覺得方向對了，讓我們從一個部門開始，驗證成果。」

（3）「我們準備了一份實施流程與時間表，若您覺得合適，今天之後我們隨時可以啟動。」

## 收斂的視覺設計

（1）用一頁總結「痛點－解決方案－預期成效」。

（2）視覺化呈現「下一步行動清單」，如：試點導入、內部評估、合作洽談。

## 不收斂的提案，就是沒成交的伏筆

提案若不在結尾收斂，顧客就會「散開」，沒有清晰印象與行動指令。心理收斂法讓提案從資訊的堆砌，轉變為決策的指引。

記住，提案結尾不是結束，而是引導顧客進入成交旅程的起點。你怎麼結尾，決定顧客會不會開啟下一步。

# 第七節　視覺與數據讓提案更有感

## 不只用說的，讓顧客「看見」才有感

在銷售提案的現場，若僅靠口頭說明與滿版文字簡報，訊息往往難以深入顧客心中。心理學家艾倫‧白斐歐（Allan Paivio）所提出的「雙碼理論（Dual Coding Theory）」指出，人類對資訊的理解與記憶，會因為視覺與語言系統同步刺激而大幅提升。

簡單來說，當你用說的，顧客可能懂一半；當你用圖說、數據說、流程圖說，顧客不只聽見了，還看見了**價值**。這樣的雙重編碼，不只讓資訊變得具體、視覺化，也讓說服力大幅提升。

優秀的提案不是講得多，而是**讓顧客在心中勾勒出未來的畫面**。而那個畫面，絕不會靠文字堆疊出來，而是靠視覺與語言共同構建。

## 視覺與數據的心理影響力：

（1）降低認知負擔：資訊用圖像呈現，顧客更快理解，不必花腦力去「想像」。

（2）強化記憶點：視覺刺激形成記憶錨點，顧客事後回憶提案時，有畫面可回憶。

(3)提升專業信任感：有數據、有模型、有圖表，顧客感覺業務有憑有據，不是憑感覺說話。

## 提案必備的視覺化設計元素

(1)痛點圖解：用流程圖或魚骨圖展示顧客現狀的問題結構。

(2)方案架構圖：以視覺方式呈現解決方案的全貌與模組關係。

(3)成效數據圖：折線圖、長條圖、圓餅圖等呈現效益的量化結果。

(4)比較表：方案導入前後的績效對比、與競品的優劣勢對照表。

(5)行動路徑圖：從合作啟動到目標達成的時間表與里程碑。

## 市場案例：視覺化提案創造記憶點

某管理顧問公司在為一家電子業提案時，將「客戶目前流程」與「優化後流程」做成動畫式簡報，動態呈現產線瓶頸改善前後的差距。結果讓原本對顧問方案無感的營運長，看見具體的流程節省與時間差異，當場決定啟動合作洽談。

## 第六章　打造你的銷售提案力

### 數據的說服力：不是一堆數字，而是「故事」

數據若只是堆砌數字，顧客只會覺得枯燥。業務需將數據「故事化」，例如：

- 「透過我們的解決方案，客戶 A 的庫存週轉率從 35 天下降到 20 天，這代表什麼？每年省下兩千萬庫存成本。」
- 「根據臺灣製造業數據，數位轉型企業毛利率平均比傳統企業高出 12%。這數字代表，轉型不只是選擇，而是必須。」

### 業務話術搭配視覺與數據

（1）「這張圖可以清楚看到，導入後的產線良率提升了 8%，這在貴產業已是領先水準。」

（2）「從這個比較表您可以看到，我們方案的成本雖高一點，但回本期縮短了三個月，長期反而更划算。」

（3）「這是我們客戶的導入成效曲線，您可以看到，前三個月產能就明顯拉升。」

### 提案視覺化的工具與技巧

（1）PowerPoint、Keynote 進階視覺設計。

（2）Canva、Visme 等視覺簡報工具。

(3)數據視覺化工具如 Tableau、Power BI，動態呈現數據走勢。

(4)製作專屬客戶的模擬成果圖或 ROI 試算表。

## 讓顧客看見未來，才會跟你走

一場好的提案，不只說給顧客聽，更是畫給顧客看。視覺與數據，讓顧客「用眼睛看到未來的可能性」，讓決策變得直觀且具象。

記住，成交的不是方案，而是顧客對未來的想像。視覺與數據，就是打開想像力的鑰匙。

第六章　打造你的銷售提案力

# 第七章
# 異議處理與價格談判的心理學

# 第七章　異議處理與價格談判的心理學

## 第一節　面對異議時的三不原則

### 異議是成交的起點，不是阻礙

在業務的銷售過程中，當顧客說「太貴了」、「我再考慮看看」、「我們已有合作廠商」時，許多業務會感到挫折甚至不知所措。心理學家丹尼爾・康納曼（Daniel Kahneman）在《快思慢想》中指出，人類決策的第一反應多由「系統一」的直覺主導，這代表顧客的異議往往是潛意識的防禦，而非理性的否定。因此，異議不等於拒絕，而是進一步理解顧客心態的契機。

### 面對異議的「三不原則」

**1. 不急著反駁**

異議出現時，若業務急於解釋或辯解，顧客只會更強化原有的反對立場。這是「心理慣性」作祟──被挑戰的觀點會本能地自我捍衛。正確做法是，先傾聽、確認問題的本質。

**2. 不輕易讓步**

許多業務一聽到「太貴」，就急著降價或加贈，這反而削弱了產品或方案的價值感。異議處理的關鍵在於價值再確認，而非價格讓利。

### 3. 不忽略背後的情緒與心理需求

顧客的異議背後，往往藏著「怕買錯」、「怕被騙」、「怕影響評價」等情緒，業務要有能力聽見話語背後的心理聲音。

## 心理學支撐：反駁不如同理心

美國心理學家卡爾・羅傑斯（Carl Rogers）提出的「同理性反應」理論指出，**在溝通中，與其急於說服對方，不如先理解對方的感受與處境。**他認為，當人們感受到被理解，而非被挑戰或評判時，更容易打開心防，建立起信任與對話空間。

這一原則，在銷售現場尤其關鍵。當顧客提出異議時，頂尖業務不會立刻反駁，而是先回應對方的情緒與立場。例如說：

「我明白，這樣的投資對您來說確實需要審慎評估，畢竟這不只是系統升級，更是整體營運流程的轉變。」

這樣的回應，看似只是換句話說，但實際上，它讓對方感受到：「你有在聽」、「你尊重我的顧慮」，進而降低防衛，打開溝通的下一扇門。

## 市場案例：三不原則的實戰應用

某科技業業務在推廣高單價的製造系統時，客戶一聽價格就說：「太貴了，我們預算有限。」業務沒有急著降價，而

是說:「我理解每筆投資都得看效益。或許我們可以一起來看看,貴公司目前在產線效率上的瓶頸,是否值得用這個方案來突破。」

透過不反駁、不讓步、不忽略情緒,業務反而讓對方願意再次討論,最終促成了試點合作。

## 三不原則的話術範例

(1)不反駁:「謝謝您提出這點,這其實也是我們不少客戶初期的感受,不過後來他們發現……」

(2)不讓步:「價格的確高一些,但這背後的價值與風險控管,是很多便宜方案做不到的。」

(3)不忽略情緒:「我知道,決策的壓力不小,尤其這麼多方案在市場上,挑對夥伴真的不容易。」

## 業務自我訓練:三不原則的應用流程

(1)聽:讓顧客完整表達異議。

(2)問:追問異議背後的真正擔憂或困難。

(3)同理:表達理解顧客的立場與顧慮。

(4)價值重申:用事實、數據或案例再次強調產品或方案的獨特價值。

## 異議是信號,不是絕路

業務若用錯方式處理異議,顧客只會離成交越來越遠。三不原則讓業務在異議面前不慌不忙,透過理解、引導與價值再塑造,把「不」轉為「那我們怎麼解決?」

記住,異議的存在代表顧客還在思考,真正的拒絕才是沉默。善用三不原則,你會發現,異議是最好的成交暖身。

## 第二節
## 貴有貴的說法:價值說服而非降價

### 顧客說「太貴」,其實在等業務說價值

「價格太高了」是銷售現場最常見的異議之一。但多數情況下,顧客並非真的負擔不起,而是**尚未感受到價格與價值之間的對等關係**。

行為經濟學大師丹尼爾・康納曼(Daniel Kahneman)與理查・塞勒(Richard Thaler)指出,人們對價格與價值的感受,往往受到「心理定錨(Anchoring)」與「相對比較」的深刻影響。當顧客腦中沒有一個明確的價值錨點,報價就會像一個漂浮的數字,沒有依附感,自然容易被認為「太高」。

換句話說,價格從來不是問題,價值沒被看到,才是問

## 第七章　異議處理與價格談判的心理學

題。業務若能在報價之前，先清楚建立價值的畫面感與比較參照，讓顧客感受到：「這樣的結果值這個價」，那價格反而會成為理性選擇的結果，而非感性的否定。

### 銷售現場的常見錯誤：用降價代替價值解釋

很多業務聽到「太貴」，第一反應是打折、加贈品、降價。這是錯誤的訊號，讓顧客以為：「原來這東西沒那麼值錢。」反而讓價格愈談愈低，價值感愈來愈模糊。真正的高手會不降價，反而再說一次價值，甚至再加上價值層次。

### 心理學支撐：定錨效應與價值重塑

定錨效應說明：人們對價格的認知會被第一個「價值標準」影響。業務必須在報價前，就先讓顧客建立高價值的心理標準。例如：「我們這套方案，幫助客戶平均一年省下的營運成本在500萬以上。」再報價格，顧客才會以「500萬效益」來衡量，而非單看數字。

### 市場案例：不降價的價值說服

某顧問公司在向大型製造業提案時，對方說：「市面上有更便宜的軟體。」業務反問：「的確，便宜的很多，但我能不能請問，這些軟體提供的後續導入協助、產線客製化調整、教育訓練，跟我們一樣完整嗎？」

## 第二節　貴有貴的說法：價值說服而非降價

顧客才恍然：便宜的不包含客製、不包含訓練、不包括後續服務。最終不但沒降價，還因為客製加值而成交更高金額。

## 價值說服的四大架構

(1) 過去成功案例：「我們曾協助某客戶，一年內提升產能 20%，省下 800 萬成本。」

(2) 風險成本對比：「如果用低價方案，導入失敗或不穩定，對貴公司的營運風險是什麼？」

(3) 長期價值展望：「這不是短期支出，而是為未來五年建立競爭護城河。」

(4) 品牌與服務力：「我們不只是供應商，而是您成長路上的策略夥伴。」

## 話術範例：價值而非降價的回應

(1)「我理解價格是您關心的，但讓我們再來看一次，這背後您買到的不只是產品，還有完整的服務體系與客製化能力。」

(2)「我們的方案雖然單價高，但從過往客戶的平均回本時間來看，不到一年就回本，這比低價方案帶來的風險成本低太多。」

(3)「我很樂意幫您分析，如果只用市場上低價的選項，貴公司可能在後續碰到的隱形成本。」

## 第七章　異議處理與價格談判的心理學

## ▍業務自我練習：價值層次堆疊表

每項產品或方案，列出：

- ◆ 功能價值
- ◆ 服務價值
- ◆ 品牌價值
- ◆ 未來效益價值

提案或報價時，逐一疊加，讓顧客看到「你買的不是產品，是整套價值體系」。

## ▍價格的背後，是價值的說服力

記住，當顧客說貴，不是要你便宜，而是要你告訴他，這錢為什麼該花。只要價值說得夠好，價格就不再是問題。

業務的功力，不是打價格戰，而是用價值說服對方「我花得值得」。

## 第三節　價格談判的四段式進攻法

### ▍談判不是硬碰硬，而是心理戰

當銷售進入價格談判階段，許多業務常面臨兩種困境：要嘛因擔心失單而沉默不語，要嘛急於保住客戶而過早讓步。然而事實上，價格談判從來不是「誰先讓步誰就輸」，而是一場心理節奏與策略設計的對抗。

哈佛談判計畫共同創辦人威廉・尤瑞（William Ury）在經典著作《哈佛這樣教談判力》中指出，真正高明的談判者，懂得如何在堅守自身利益的同時，讓對方感受到「**我們是在一起解決問題**，而不是你我在對立桌面上互相輸贏」。

也就是說，談判不只是報價的博弈，而是一場**對心理安全感、情緒穩定與合作氛圍的掌握力**競賽。業務若能穩住節奏、引導思考、創造選項，不只可能守住價格，還可能因此贏得顧客更多尊重與信任。

### ▍四段式進攻法：層層遞進，步步為營

**第一段：價值重申**

當顧客開口壓價，業務的第一步不是回應金額，而是再說一次價值。

「在我們進一步談價格前，我想再次確認，貴公司最在意

的核心價值是什麼？如果是提升產能與數據透明度，這套方案的回報是確定的。」

心理學上，透過價值重申可以讓對方將焦點從價格轉回「成果」，避免價格成為談判唯一議題。

### 第二段：利益交換

若對方堅持降價，業務不應無條件讓利，而是設計交換條件。

「如果我們要調整價格，是否可以縮小導入範圍，或是合作年限延長？這樣對雙方都更有保障。」

這是「互惠原則」的應用：你要給對方折扣，對方也要付出某種代價或承諾。

### 第三段：風險放大

若對方仍不動，進入風險提示。

「便宜方案的確有，但萬一導入後不穩定，或是缺乏在地服務，對貴公司造成的隱性成本與時間損耗，恐怕會更高。」

這是心理學的「損失厭惡」效應，讓對方思考不選擇你的代價，而非只看價格。

### 第四段：極限底價與限時

最後一步，設立底線與期限。

「基於我們的成本結構，這是我們能提供的最優惠條件。

且因應市場變動，這報價僅保留到月底，方便您決策。」

透過限時設計，觸發對方的「稀缺心理」，避免無止盡的議價拖延。

## 市場案例：四段式談判促成高單價成交

某系統整合商在談一筆八位數的案子時，對方殺價30%。業務照四段式進攻法應對，先重申價值，再交換為「延長保固兩年」、接著提示「便宜的競品缺乏在地維運」，最後報出「限時一週內簽約有早鳥價」。結果對方僅砍了10%，雙方達成協議。

## 業務自我檢核：我有做到四段嗎？

(1) 價值是否講得夠清楚？
(2) 有無設計交換條件，而非單純讓價？
(3) 是否讓對方看到不選我的風險？
(4) 報價有沒有底線與期限？

## 話術設計：四段式精華

(1)「價格我們可以談，但先確認，對您來說，價值的優先順序是什麼？」

## 第七章　異議處理與價格談判的心理學

(2)「如果調整價格，是否我們可以縮小範圍，或調整付款條件？」

(3)「我們當然也可以不做，或貴公司選擇別家，但這樣的風險與後續維護，您可能要再評估。」

(4)「這是我們的最終價格，且因為年底前有專案補助，這價格只到本月底。」

### 價格談判是藝術，不是比氣長

業務若只會被動應對，談判永遠輸在氣勢。四段式進攻法讓業務掌握節奏，價值、交換、風險、底線步步進逼，讓顧客覺得買得值得，而非只是買便宜。

記住，價格談判不只是金額的協商，更是價值的再詮釋。

## 第四節　不打價格戰，打「心理價值戰」

### 真正的對手，不是競爭對手，是顧客心中的價值天平

在價格談判中，許多業務陷入「拚低價」的惡性循環，以為只要比別人便宜就能成交。事實上，業務真正的戰場不是價格表上的數字，而是顧客心中的「價值認知」。心理學家理

## 第四節　不打價格戰，打「心理價值戰」

查·塞勒（Richard Thaler）與卡斯·桑斯坦（Cass Sunstein）提出的「選擇架構（Choice Architecture）」理論說明，人類的選擇往往不是基於客觀價值，而是基於如何被「框架與引導」去感知那個價值。

## 價值戰的本質：讓顧客自覺「貴得有道理」

當顧客覺得價格高，背後的心理其實是：「我還沒看到這個價值」。如果業務能讓顧客在心裡建立「這價格背後有什麼好處、成效、保障、成就感」，顧客自然會覺得「值」。

## 心理價值戰的三大策略

### 1. 建立價值錨點

先用業界標準、過往案例或客戶平均獲利設立一個價值標準。

「我們的客戶平均在一年內提升了 20％ 的產能，這效益對很多企業來說，是千萬級的回報。」

透過錨點，讓顧客從「這東西值不值這個錢」轉變為「價值比價格高很多」。

### 2. 價值層次堆疊

從功能價值、服務價值、品牌價值、未來價值一層層堆上去。

「您不只買到產品,還有專屬顧問、客製化支援,以及未來技術升級的保障。」

### 3. 引導顧客想像未來

用情境式描述,讓顧客「看見導入後的改變」。

「想像一下,當貴公司可以即時掌握市場數據,決策反應速度提升,競爭對手還在會議中,您已經搶下市場了。」

## 市場案例:價值戰勝價格戰

某資安服務商在面對低價競爭對手時,堅持不降價,反而把重點放在:「我們的資安方案符合國際認證、擁有 24 小時在地服務,並且每半年免費進行一次資安健檢。」客戶比較後,認知到「低價方案沒這些保障」,最終選擇價格較高但更安心的方案。

## 話術範例:價值戰的說法

(1)「比價格前,讓我們先把貴公司需要解決的問題再確認一次,才能對應最合適的價值組合。」

(2)「低價方案當然有,但如果它無法解決您的核心痛點,那才是最貴的代價。」

(3)「貴公司是產業領導者,選擇一個更具價值的方案,不只解決問題,更是對市場地位的投資。」

## 業務自我檢核：我在打價值戰還是價格戰？

（1）我有先設定價值錨點再談價格嗎？

（2）我的提案有逐層堆疊不同層次的價值嗎？

（3）顧客是否因為我的引導，已經「看見未來」的畫面？

## 價格只是數字，價值才是選擇的理由

業務不該害怕價格高，而是害怕自己沒說清楚價值。打價值戰，就是用專業、數據、服務與願景，讓顧客知道貴有貴的道理。

記住，成交的關鍵不在誰賣得便宜，而在誰讓顧客感覺「這錢花得值得」。價值戰打贏了，價格就不是問題了。

# 第五節　對抗「我再考慮看看」的應對術

## 「我再考慮看看」是顧客的緩兵之計

業務最常在提案後聽到顧客說：「我再考慮看看。」這不是真正的考慮，而是一種心理性拖延。作家皮爾斯・史迪爾（Piers Steel）在《不拖延的人生》中指出，當人面對「需做決定但又缺乏迫切性」的情境時，會用「我再想想」來降低自身壓

力與不安。對業務而言，這其實是顧客的防禦機制，但背後的訊號是：「你還沒說服我到非決定不可。」

## 應對「我再考慮看看」的心理學策略

### 1. 探尋真正的卡點

「了解，通常客戶說要再考慮時，背後會有幾個點需要再確認，不知道是價格、成效，還是導入的複雜度？」

這樣的提問讓顧客不再用「模糊空間」搪塞，業務有機會找到真正的異議點。

### 2. 設立決策的「心理時限」

「我們近期剛好有一波客戶專案的配套資源，若您在下週前確認，這些資源都能保留給您。」

這是「時效誘因」，讓顧客知道，拖延會有損失。

### 3. 啟動決策的風險意識

「如果貴公司再延後決策，市場上的變數可能會讓現在的方案優勢減弱，這點您會不會也擔心？」

這是應用「損失厭惡」原則，讓顧客感受到不行動的後果。

## 第五節　對抗「我再考慮看看」的應對術

### 市場案例：對抗考慮拖延的成功經驗

某 SaaS 業務，客戶提案後連續說「再考慮」，業務反問：「如果這個方案免費，您會立刻用嗎？」客戶笑說「當然」，業務立刻說：「那代表不是需求有問題，是價格或價值間還有落差，不如我們一起來找這個平衡點。」

結果客戶坦承是預算與內部說服難度，業務協助客戶準備內部提報資料，兩週內成功成交。

### 話術範例：應對「再考慮」

(1)「通常客戶再考慮，是因為有些細節還沒想清楚，能讓我知道是哪一塊嗎？或許我可以再提供協助。」

(2)「我理解決策需要時間，但市場的窗口不會等人，不知道我們是不是能設定一個您方便的評估時程，讓我們協助您內部盤點？」

(3)「我們不急於成交，但很在乎讓方案能幫到您，不如我們再安排一次技術說明或內部諮詢？」

### 業務自我檢核

面對再考慮，我是否已經：

(1) 問過顧客真正的卡點是什麼？

(2) 設計了時間性或資源上的誘因？

(3) 提醒對方不行動的風險？

(4) 提供進一步的協助或資訊？

## 讓顧客沒理由再拖延

「再考慮」不該是對話的終點，而是追問與引導的起點。業務要有能力把「考慮」變成「行動的理由」，透過探問、時效、風險提醒，縮短顧客的心理遲疑期。

記住，成交，不是等來的，是透過正確的提問與策略，一步步讓顧客走向「那就決定吧！」的心理門檻。

# 第六節　談判中不該犯的情緒錯誤

## 談判時，情緒才是最大的變數

業務在面對談判時，許多時候敗在價格不是因為對方技巧高明，而是自己在談判中的情緒失控。心理學家保羅‧艾克曼（Paul Ekman）指出，人類的情緒會不自覺地透過微表情、語調甚至語速顯露，這在談判中更是一種風向標。顧客可以藉由業務的情緒反應，判斷底線、急迫感與信心指數。

## 第六節　談判中不該犯的情緒錯誤

## 談判中最常見的五大情緒錯誤

### 1. 焦慮

當顧客開始砍價、丟出異議時，業務表現出緊張與不安，語氣浮躁、表情僵硬，反而讓顧客察覺：「你急著成交。」

### 2. 防衛心態

顧客質疑時，業務立刻反駁或辯解，情緒上顯得被挑戰而不安，顧客更覺得你心虛。

### 3. 過度迎合

為了不失去機會，顧客提什麼條件，業務全說「好」，反而讓對方知道你沒有底線。

### 4. 失去耐性

談判拖長時，業務開始露出不耐煩或輕微嘆氣，顧客立刻知道再拖一拖，或許可以再壓一點。

### 5. 情緒勒索

業務用「我這樣很難做人」、「再不簽我真的撐不住」這類話術，讓顧客覺得被情緒綁架，反而產生排斥。

## 第七章　異議處理與價格談判的心理學

### 心理學支撐：情緒感染效應

心理學的「情緒感染效應」指出，談判雙方的情緒會互相影響。若業務展現出穩定、自信的情緒狀態，顧客也會跟著進入冷靜、理性評估的模式。反之，若業務慌亂、急躁，顧客反而容易進一步掌控節奏。

### 市場案例：情緒控場創造反轉

某設備銷售業務，面對客戶在會議上當場砍價20％，全場氣氛緊繃。業務不疾不徐地說：「這樣吧，我們先冷靜一下，讓我再重新評估一次架構，確認是否有不影響品質的優化空間。」結果顧客反倒覺得業務穩健，最後僅小幅調價5％成交。

### 業務情緒管理四步驟

（1）自我覺察：每次談判前自問：「我現在緊張或焦慮嗎？」

（2）呼吸與節奏：保持語速適中，透過深呼吸穩定情緒。

（3）鏡像控制：顧客若情緒高漲，業務反而降低語調與速度，形成反差穩定場面。

（4）暫停權：遇到自己快失控時，主動喊停：「這議題重要，我們不如都花點時間再仔細核算。」

### 話術範例：情緒穩定的表達

（1）「我理解價格是您關心的，這部分我也希望給到最合理的方案，不如我們來看長期合作的可能性？」

（2）「您提的這個條件我需要再跟我們的技術部門確認，確保品質與交付不會受影響。」

（3）「談判總是需要多方評估，這也代表我們雙方都對這件案子認真。」

### 情緒穩了，成交就有了

談判不是拚話術，而是比穩定。業務的情緒穩定感，是給顧客的安全感。當你穩，顧客自然會覺得「你不急著成交，代表你有實力與選擇」。

記住，談判場上，輸給情緒，就輸掉成交。穩住心，才能穩住局。

## 第七節　利用對方的「期望價差」完成成交

### 期望價差：談判的心理槓桿

在價格談判中，顧客的「內心價位」往往與他口頭喊出的價格不同。心理學家里昂・費斯廷格（Leon Festinger）提出

的「認知失調理論」指出，當人們的期望與現實有差距時，會透過調整認知或行為來減少不適感。業務若能掌握顧客心中「真實的預期價格」與「談判喊價」之間的落差，透過策略引導，便能縮短成交距離。

## 什麼是期望價差？

期望價差指的是顧客心中可接受的合理價格與他表面喊出的議價價格之間的距離。顧客喊低價，是為了談判空間，但心裡其實已有底線。業務的目標就是透過對話、提問與價值強化，逐步讓顧客「往自己的真實底線靠近」。

## 四步驟掌握期望價差

### 1. 探詢心理價位

「除了價格之外，您會如何評估這個方案的價值？」

「如果價格完全不是問題，您認為這方案值多少？」

這類問題讓顧客表現「心裡預估的價值範圍」。

### 2. 逐步測探回應

業務可以透過分段的選項包裝，觀察顧客的反應。

「如果是全配版本，價格是 XXX，但如果某些模組先不開啟，會在 YYY 區間，您覺得哪個比較適合？」

這時顧客的反應會暴露「接受範圍」，幫助業務判斷期望價差的上限與底線。

### 3. 強化價值對照

「我們理解價格預算有限，但如果把效益拆算，一年內提升的營收遠高於價差，這樣的投資才是合理的。」

用「價值對比」讓顧客覺得：不選擇反而虧損更多。

### 4. 製造限時誘因

「這價格我們可以為長期合作保留到月底，如果過了這時點（marketing timing），會再回到原價。」

利用稀缺感與時間壓力，讓顧客趨近真實的心理價位。

## 市場案例：精準掌握價差促成高價成交

某企業顧問在協助客戶數位轉型時，對方不斷壓價。顧問提出：「如果以貴公司去年流失的訂單量計算，我們的方案即便全配，一年能讓您挽回的利潤是方案投資的五倍。」結果對方不再一味壓價，接受了接近原價的方案，因為價值感戰勝了價格感。

## 業務話術範例：對應期望價差

（1）「若從投資報酬的角度，您認為這方案的合理價格是多少？」

(2)「我們可以分階段執行，預算上也可以更有彈性，不知道您比較在意的是一次性投入還是長期回報？」

(3)「其實市場上便宜的方案不少，但在品質與服務上，貴公司願意承擔那樣的風險嗎？」

## 成交關鍵，不在你開的價，而在對方的心裡價

談判不是逼對方接受我們的價格，而是透過策略與價值說服，讓顧客自己走向他心裡可接受的價位。

記住，成交的祕密，不在殺價，而在精準掌握「期望價差」，讓價值撐起價格，讓顧客甘願買單。

# 第八章
## 成交的最後一哩：收尾款的技術

# 第八章　成交的最後一哩：收尾款的技術

## 第一節
## 成交不是結束，收款才是真正的交付

業務成交後，往往鬆了一口氣，以為任務完成。但事實上，真正的挑戰才剛開始。因為只有當尾款入帳，這筆交易才算真正落袋。很多業務員忽略了收款的重要性，導致訂單成交了，卻拿不到尾款，甚至最後血本無歸。銷售工作的終點從來不是「成交」，而是「收款」。

### 收款等於信任的最後驗證

顧客願意掏錢付尾款，代表他對業務、對公司、對產品的信任達到最終確認。任何對產品效果、服務品質或合約條款的不滿，都會在收款階段浮現。如果在這個階段讓顧客產生懷疑，對方就會找理由拖延、拒付，甚至變成賴帳。業務若不理解這層心理，容易用錯方法，最後錯失收款時機。

### 為什麼尾款最難收？

**1. 成交後關心度下降**

業務忙著開發新客戶，對已成交的客戶關心減少，顧客感覺被冷落，產生「被利用」的心理。

### 2. 成效未即時顯現

若產品或服務需時間驗證效果,顧客容易在等待過程中質疑投資的必要性。

### 3. 現金流壓力

部分企業或個人客戶自身資金調度不靈活,尾款常被延遲視為正常現象。

### 4. 付款流程繁複

有些企業內部付款需經多重審核,牽涉到採購、財務、核算等,若業務未預先了解流程,會陷入反覆追款的困境。

## 收款是再銷售的開始

優秀業務不僅懂得成交,更擅長在收款階段再次鞏固客戶關係,甚至從收款對話中挖掘新需求,為下一筆生意埋下種子。收款不是催款,而是一次「價值再確認」與「信任再鞏固」的機會。業務可以藉由確認付款進度的過程,主動了解客戶使用產品的實際狀況,並適時給予改善建議或追加協助,讓客戶感受到被持續關注的價值。

# 第八章　成交的最後一哩：收尾款的技術

## 收款的基本策略

**1. 預設規則**

在合約簽訂時即明確約定付款條件、期數與違約責任，讓收款成為制度性流程，而非個人請託。

**2. 定期關心**

定期關心產品使用狀況、服務滿意度，讓客戶感受到被重視，減少尾款被遺忘或拖延的機率。

**3. 情感鋪墊**

在收款提醒前，先以關心、協助的名義接觸客戶，透過情感鋪陳降低對方防備心。

**4. 金融知識運用**

了解企業財務操作慣例，如帳期安排、發票流程、財務結帳日，有助於選對時間點發起收款，有效提升收款成功率。

**5. 收款進度追蹤表**

建立客戶付款的進度表，記錄每次催款溝通的回應與後續行動，避免遺忘或處理不及時。

第一節　成交不是結束，收款才是真正的交付

## 心理學的收款技巧

心理學顯示，「互惠原則」在人際交往中極為重要。若業務在成交後仍持續提供小協助、小提醒，顧客在潛意識裡也會認為「我應該付清對方」，避免欠下情感債務。因此，良好的後續服務與關心，就是最好的收款鋪墊。

此外，利用「稀缺效應」，在催款時可以適度提醒：「目前我們公司正在規劃下一波資源分配，能順利收回尾款的客戶，將優先安排後續的維護與資源支援。」讓顧客意識到不付款將影響後續合作資源，間接形成壓力。

## 收款話術示範

（1）「上次您提到系統使用上已有初步成果，我們也在為下一階段的優化準備，這邊同步關心尾款的進度，確保後續合作順利。」

（2）「我們財務這邊近期在做帳務盤點，為了不影響您的服務接續，想請問尾款這部分是否能協助安排？」

（3）「貴公司如有內部流程需要協助的，請讓我知道，看我們這邊能否協助文件或溝通，讓流程順暢。」

## 第八章　成交的最後一哩：收尾款的技術

### 從收款到深度經營

成交只是開端，收款才是關鍵。業務必須將收款視為交易的一部分，以系統化、情感化與專業化的手法，完成銷售的最後一哩。只有款項收齊，這場銷售才能劃下完美句點，更為未來合作打下信任的基礎。收款階段不只是對價關係的收束，更是顧客關係深化的契機，唯有做到這一步，業務才能真正將「一次成交」轉化為「長久合作」。

## 第二節　收款的心理鋪墊話術

在收款這條「最後一哩」的路上，單靠不斷提醒對方付款，往往只會讓客戶產生壓力與反感。真正高明的業務懂得在心理鋪墊與話術安排上下功夫，讓對方不只願意付款，甚至「不好意思不付」。收款從來不是催促，而是要讓對方心理上「認同應該付款」。

### 收款的心理鋪墊原則

#### 1. 建立「未完成感」

心理學中有個「蔡加尼克效應」，指的是人們對未完成的事物印象深刻。業務可以讓客戶知道：合作雖已成交，但尚未「完美落幕」，而尾款就是圓滿的最後一塊拼圖。

## 2. 強化「互惠」心理

成交後，業務若持續提供小協助、小提醒，客戶會因「互惠原則」潛意識覺得應該完成付款。主動關心、提供資訊、額外補充教學，都能讓對方產生付錢的責任感。

## 3. 激發「社會認同」感

適時分享其他客戶已付款、已取得服務的狀態，會讓客戶產生「其他人都付了，我也應該跟上」的從眾心理，降低拖延的慣性。

## 鋪墊性話術範例

（1）「我們最近剛協助了幾位客戶完成服務升級，您這邊尾款處理好後，也能同步進行下一階段優化。」

（2）「為了讓您的系統順利進入第二階段，我們財務那邊提醒我協助跟進尾款，這樣才能正式排程後續的客製化優化。」

（3）「上次我們提到的那幾項優化措施，等尾款確認後就能一起啟動，這對您的效益提升非常關鍵。」

## 建立「價值感」而非「金額感」

收款話術的重點在於「提醒對方付款等於兌現價值」，而非單純對價關係。將尾款與顧客能持續獲得的價值掛鉤，讓

## 第八章 成交的最後一哩：收尾款的技術

對方認為不付錢損失的是未來利益。

如：

- 「您這邊尾款確認後，我們就能開啟數據優化的專案，這對您現階段的營運成效將有明顯幫助。」
- 「尾款到位後，我們也會將您的帳號升級為 VIP 專屬權限，確保您後續的支援無後顧之憂。」

## 情境鋪墊法

透過情境讓客戶意識到「不付會產生的風險」，但不以威脅方式陳述，而是以協助的立場提醒。

如：

- 「因為年底預算即將結算，若尾款再拖，擔心您的資源分配會被其他項目排擠，反而不利於後續展開。」
- 「近期我們排程緊湊，尾款確認的客戶將優先排入資源調度，想確保您的專案進度，也請協助確認尾款。」

## 視覺化與數據輔助

針對付款對象是企業財務或主管層，透過數據視覺化工具，製作簡單的付款流程圖、已付與未付進度條、尾款對應

的服務項目清單,讓付款不只是「金額」,而是「一組即將到手的價值包裹」。

## 鋪墊得好,收款不再是難事

優秀的業務懂得把收款變成顧客再一次感受到價值與被關心的時機。每一次收款鋪墊,都是關係再強化、信任再建立的契機。真正高明的收款,不只是拿到錢,而是讓客戶在付款後,對你們的合作更加期待。

# 第三節 合約設計裡的收款布局

成功的業務懂得:收款不只是銷售後的追討,而是從合約簽訂的那一刻,就為收款預先鋪好道路。合約設計的收款布局,不僅保障自身利益,更是降低客戶違約與賴帳風險的第一道防線。

## 付款條件設計的三大關鍵

### 1. 階段性付款

將付款與專案進度、交付成果掛鉤,如「簽約後付 30%」、「階段驗收後付 50%」、「最終交付後付 20%」。這種方式讓雙方權益對等,客戶每付一筆,業務就要達成對應的成果。

### 2. 預付款

確保合作啟動前，客戶需先支付一定比例的預付款。預付款不僅是資金保障，也測試客戶誠意。對資金壓力較大的客戶，預付款比例至少達到 20%～30%，以確保風險分攤。

### 3. 尾款付款條件綁定

在合約明訂尾款付款的具體條件，如驗收標準、支付時限，以及延遲付款的違約條款（如每日違約金、利息計算等），避免因條款模糊導致的爭議與拖延。

## 合約條款應避免的模糊地帶

### 1. 模糊的驗收標準

合約若未清楚定義驗收條件，客戶可能以「不滿意」為由拒絕付款。須透過量化指標、明確的交付內容列點，將「好壞」標準客觀化。

### 2. 付款時間無約束

僅寫「專案完成後付款」而無具體天數期限，等同放任客戶「有空再付」。應具體寫明「驗收後 7 日內支付」、「發票開立後 10 日內付款」等明確時限。

### 3. 無違約處罰條款

若未設違約責任,遇上惡意賴帳的客戶,只能被動接受拖延。應設定逾期利息、法律追訴費用由對方承擔等條款,形成潛在威懾力。

## 靈活的付款機制選擇

### 1. 進度比例彈性調整

根據專案性質,付款比例可依照合作複雜度調整。高風險專案預付款比例提高,低風險則可適度下修,換取客戶信任與合作意願。

### 2. 金融工具輔助

透過銀行信託、履約保證金、信用狀(L/C)等方式保障雙方權益,尤其適用於高額交易或跨國合作,避免信賴不足引發的收款風險。

## 心理鋪墊的合約話術

(1)「為確保雙方權益,我們建議用階段性付款,這樣每一步都明確,您也更安心。」

(2)「我們通常預收 30％預付款,以利專案資源投入,後續會依進度讓您全程掌握。」

(3)「合約中設有尾款支付期限與延遲利息,這不僅是保障我們,也讓您內部財務規劃更有依據。」

## 臺灣市場常見收款布局

以臺灣資訊服務業為例,經常採用「3-5-2」付款模式:30%預付款、50%中期驗收、20%最終交付後。若涉及客製化開發,部分業者則要求「5-4-1」,以減低客戶尾款拖欠的風險。另有建築、工程業則透過「進度款」機制,每完成特定工程量即請款,防止資金斷鏈。

## 合約是最好的收款保險

一份嚴謹的合約設計,遠比事後追款來得有效與從容。業務與企業不應只將合約視為「備查文件」,而是銷售流程中的核心策略文件。合約設計得好,收款自然就順,雙方也能在信任與約束的平衡下,迎向長期合作。

## 第四節　遇到賴帳客戶的心理攻防

即便合約設計得再完善,仍難避免遇上惡意賴帳或習慣性拖延付款的客戶。面對這類客戶,業務不能只是被動催收,而必須運用心理學、談判策略與攻防話術,精準拆解對方的拒付藉口,才能有效突破僵局。

## 第四節　遇到賴帳客戶的心理攻防

### 識破賴帳客戶的心理策略

（1）拖延戰術：以「最近資金緊」、「負責人不在」、「帳務部門還在核對」等藉口拖延時間，期望業務自動放棄。

（2）挑剔質疑：刻意放大小問題，如產品某細節不符預期、服務有瑕疵，轉移焦點為不付款找正當性。

（3）情緒壓力：表現出「不滿意就不付」的態度，甚至用憤怒或冷處理壓迫業務不敢逼問。

（4）模糊責任：將付款責任轉嫁給財務、上層主管，讓業務無法精準對應決策者。

### 心理攻防的實戰策略

**1. 明確劃清驗收標準與時間點**

預先重申合約條款，對「不滿意」的指控要求具體指正，並限定回覆與處理期限，防止無限期拖延。

**2. 轉換付款焦點為「企業誠信」**

在溝通中反覆強調付款代表企業誠信與信用紀錄，特別是對上市櫃公司或聲譽在意的企業，透過「聲譽風險」形成壓力。

### 3. 運用同理心理，同時設立底線

詢問對方實際資金調度的困難處，釋出理解，同時表明「我們也有公司規範，超過期限將進入法律程序」。讓對方知道彈性有限，不能一味拖延。

### 4. 善用第三方專業背書

例如請律師、仲介顧問、財務專員聯絡，傳達「進入正式追款階段」，比單純業務催款更具壓力感。

## 收款話術示範

（1）「我們理解近期市場景氣波動，但為了雙方的信任，這部分尾款還是希望貴司能給我們明確的安排。」

（2）「這些問題我們都記錄下來，會照程序協助解決，但尾款是根據合約進度，請依協議協助安排。」

（3）「我了解財務流程有繁瑣之處，我們也準備了協助資料與付款流程表，看是否能協助您內部順利走完流程？」

## 轉守為攻的策略

### 1. 設定催收時間表

每次溝通後記錄時間與回應，並告知「若幾日內未收到回應，將依合約啟動追款程序」。

## 第四節　遇到賴帳客戶的心理攻防

2. **製造心理壓力的暗示**

例如「公司這邊已經在檢討這筆帳款的處理方式，若非我們持續關心，內部政策就會直接走法律途徑。」

3. **適時示弱，建立情感牌**

如「其實我們也不希望走到法律這一步，對彼此都不好看，貴司也是我們重視的客戶。」以情理並用攻防。

## ▋臺灣市場的特殊應對法

在臺灣，一些企業對於「公開名譽」尤其在意，適時透過業界人脈傳遞「合作信譽」的訊息，對拖款客戶具一定壓力。此外，利用信用調查公司掌握對方付款歷史，進一步評估對策也常被資深業務採用。

## ▋不只是收款，更是保護自己

面對賴帳客戶，業務要學會的不只是收款技巧，而是如何以心理戰與談判策略防止對方踐踏底線。每一次攻防，都是業務對自身專業與尊嚴的捍衛。唯有強化攻防技巧，才能在這場信任與利益的角力中，站穩腳步，保障公司的應得利益。

## 第八章　成交的最後一哩：收尾款的技術

### 第五節
### 情感收款：用感情讓對方不好意思不付

在商業往來中，錢的事情理當公事公辦，但在臺灣與亞洲文化裡，「人情」往往是打開最後一道付款關卡的關鍵。所謂「情感收款」，就是業務透過經營感情，讓對方在心理上產生「不好意思再拖」的壓力，進而順利完成付款。

### ▍情感收款的心理基礎

#### 1. 互惠原則

當你在交易之外，對客戶多一分關心與協助，客戶會在潛意識裡認為「我欠了這個人」，不付款就顯得不夠意思。

#### 2. 社交壓力

業務若與對方建立了如朋友般的情誼，對方在心理上會擔心拖延付款會影響彼此的關係與名聲，產生「人情債不能不還」的壓力。

#### 3. 心理帳本理論

每個人心中都有一套心理帳本，當接受過多幫助或好處，遲遲不還會感到虧欠。業務透過日常的情感投資，讓客戶的心理帳本傾向「該回報了」。

## 第五節　情感收款：用感情讓對方不好意思不付

## 情感收款的實踐技巧

### 1. 持續的非商業互動

在付款催收之外，持續與客戶有非業務性的交流，如節慶問候、健康關心、家庭話題，淡化「催款」的敵意氛圍。

### 2. 對其人際圈的尊重與連結

認識對方的同事、祕書、家人或上下游夥伴，讓對方感受到「欠款不還」會影響更多人對他的觀感。

### 3. 感謝並肯定對方的合作價值

在催款過程中，多次提及對方過去的配合與貢獻，讓對方覺得「我也是被尊重的夥伴」，不願因欠款破壞形象。

### 4. 適時的小禮物或心意

在關鍵節點送上不昂貴但具心意的禮物，如地方特產、限量小物，強化人際情感鏈結，讓對方不忍心拒付。

## 話術範例

（1）「老朋友之間我也很不好意思一直提醒，您也知道我們公司年底結帳，真的需要您這邊幫個忙了。」

（2）「這些年我們合作也算不錯，真的不希望因為一點尾款讓我們的交情有疙瘩，您說是不是？」

(3)「上次您提到家裡小孩考試,我還記得,真心希望一切順利。尾款這邊也請您幫我留意一下,不然我回去真的交代不過去了。」

## 臺灣企業情感收款案例

某知名臺灣廣告代理商,在收款時,業務主管會親自拜訪並帶上當地特色禮品,並且不提付款,僅表達「最近的合作感謝與關心」。往往在不談款項的會面後,客戶隔天就主動安排匯款。這種「情感到位、錢自然到位」的方式,成為業內的潛規則之一。

## 情感收款的風險與拿捏

過度情感勒索反而讓客戶反感,甚至認為業務「不專業」或「搞小圈子文化」。因此,情感收款的關鍵是「以情帶理」,始終維持專業形象與商業界線,不讓人覺得是在用感情綁架對方。

## 人情是催款的潤滑劑,不是武器

情感收款是一種軟實力,善用人情但不失專業,才能讓對方在心理壓力與商業責任之間,選擇「還這個人情」。臺灣的人情社會為業務提供了情感槓桿,但業務人員更該謹記,情感收款的目的,不只是拿到錢,而是讓關係走得更長遠。

## 第六節　收款不順時的「協力廠商」策略

當情感收款、合約條款與心理攻防都難以奏效時，業務不應單打獨鬥，而是該引入「協力廠商」參與收款。這不僅僅是施壓，更是透過第三方的專業與權威，讓對方意識到事情的嚴重性與公正性，提升付款的意願與速度。

### 為何需要協力廠商？

**1. 中立第三方的壓力感**

當業務已與客戶有長時間互動，雙方難免存在情緒與人情牽絆，協力廠商以中立身分出現，讓對方無法再以「關係牌」來迴避責任。

**2. 專業性與程序感**

引入如法律顧問、財務顧問、債權管理公司等，讓對方感受到這已非私人問題，而是正式進入法律或財務處理程序。

**3. 提升溝通效率**

協力廠商通常具備專業催收技巧與流程，能比業務更精準掌握溝通節奏與法律邊界。

## 第八章　成交的最後一哩：收尾款的技術

### ▌常見協力廠商的類型

（1）律師事務所：寄發律師函、正式法律通知，對於怕惹上法律糾紛的客戶特別有效。

（2）債權管理公司：專業從事應收帳款管理，具系統性的催收流程與談判策略。

（3）會計師或財務顧問：從財務合規與帳務面切入，協助雙方釐清付款流程與時點，避免「帳不清」的藉口。

（4）產業協會或公會：在特定產業，透過協會介入協調，有助於透過行業規範與名譽壓力促成付款。

（5）商業徵信公司：透過調查客戶信用紀錄與財務狀況，評估對方是否真的資金困難，並適時將調查結果「非正式」傳達給客戶，施加心理壓力。

### ▌引入協力廠商的溝通話術

（1）「為了讓後續款項處理更順利，公司這邊已經請財務顧問協助整理帳款，後續也會有顧問跟您聯絡。」

（2）「我們的法律顧問近期會針對合約履行情況做盤點，屆時請配合資料提供與確認。」

（3）「其實我們更希望透過良性協商解決，但公司政策要求逾期帳款需進入法務流程，我們還是希望能在此之前與您有更好的共識。」

## 第六節　收款不順時的「協力廠商」策略

## 協力廠商介入的最佳時機

(1)超過合約約定期限且溝通無進展時。

(2)對方明顯以無理由的拖延戰術應對。

(3)客戶高層或關鍵決策者遲遲不回應。

(4)已影響公司財務週轉或內部結帳需求。

## 臺灣企業實務案例

一間大型系統整合公司，對於逾期超過 60 天的帳款，內部有明確制度：由財務主管接手，並同步委由律師事務所寄發提醒函。若再無回應，則啟動與債權管理公司合作，進行更有系統的催收。這樣的流程不僅減少業務的壓力，也讓客戶知道「事情不是說說而已」。

## 專業收款，該借力就借力

業務不該將收款視為單兵作戰的任務。當各種方法都無效時，引入協力廠商不僅是策略，更是展現專業的展現。透過第三方的力量，讓對方明白「不付代價更大」，才能有效突破收款困境，保護公司的財務健康與業務尊嚴。

# 第八章 成交的最後一哩：收尾款的技術

## 第七節　非訴訟收款的八種方法

在收款過程中，未必要一步走向訴訟。訴訟雖是最終手段，但成本高昂、程序漫長，且雙方關係難以修復。非訴訟的收款方式，靈活且具效果，特別適合希望兼顧業務關係與收款效率的情境。透過適當的策略，既可施壓亦能保留情面，讓收款變成一場有策略的對局而非單純的對抗。

### 一、正式發函提醒

第一步往往從正式的書面通知開始。透過公司信頭寄發正式催款函，標明欠款金額、期限與合約依據，並提醒對方如逾期未付將採取相應措施。這種方式的目的在於留下正式紀錄，建立法律上的追訴基礎，同時讓對方感受到「這已不是私下提醒」，而是公司進入紀律化管理的階段。發函內容應冷靜客觀、語氣正式，避免情緒性用詞。

範例話術：

「感謝過往的合作，經本公司對帳後，貴司仍有××金額的未付款項，依照雙方合約第×條約定，請於收到通知後×日內完成付款。若逾期，本公司將依約採取後續措施，敬請協助配合。」

## 二、委請律師寄發律師函

律師函雖非訴訟,但因來自律師專業立場,對重視法律責任的企業或個人具強烈震懾力。多數賴帳方在收到律師函後會嚴肅看待付款事宜,尤其是對怕官司、怕影響商譽的客戶。律師函的內容會更為正式,且用詞具備法律效力,讓對方知曉「再不處理就會進入法律程序」。

**臺灣實務案例**

某科技公司對一間中國代工廠長期未付款,經多次協調無果後,委請律師寄發律師函,並同步告知將提報至臺灣經濟部投審會與大陸臺商協會,對方在收到律師函一週內即安排付款。

## 三、設定帳款利息與違約金催收

許多企業在合約中已約定逾期付款的利息與違約金,但業務在催收時往往忽略這一利器。將逾期產生的利息金額具體計算,正式通知客戶「每日不付,金額只會遞增」,強化其付款的急迫感。此舉同時也在法律上累積未來訴訟的經濟證據。

話術:

「根據合約規定,逾期款項每日利息為 ×%,至今日已累計違約金 ×× 元,若再延誤,累積額度將更高。為避免貴司損失,請盡速處理。」

## 四、轉介債權管理公司

將帳款交由債權管理公司處理,由專業催收團隊透過電話、簡訊、信函甚至親訪等方式,以合法手段進行強化催收。專業催收人員熟悉法規界限,採用分段施壓策略,讓對方感受到不付錢的實質壓力。對於某些專業公司,如保全公司兼營合法催收,更具壓迫性與威嚇力。

## 五、商業徵信曝光

透過商業徵信公司,將客戶的信用紀錄列入黑名單或提供至產業圈內流通,間接影響其後續融資、交易與商譽。這對於習慣賴帳的企業尤其具備長期壓力,因為一旦被徵信公司登錄為「信用不良企業」,往後貸款、申請標案乃至對外合作都將困難重重。

## 六、產業公會協調

在特定產業,透過公會或商會介入協調,具備權威與業界影響力。公會的協調多基於行業內信譽維護,對名譽重視的企業而言,公會的介入等同於「業界公審」,對其市場聲譽打擊不容忽視。

**臺灣案例**

　　臺灣工程業某知名公會對於會員間的款項糾紛，常採取「不付則公告」的措施，列入會員通報名單。多數企業為避免業界流傳「賴帳名單」，多會在公會出面時快速結清款項。

## 七、媒合第三方付款方案

　　針對資金週轉困難的客戶，企業可主動提供第三方融資方案，如與銀行合作提供分期貸款，或透過應收帳款融資協助客戶解決現金流問題。這類協助讓客戶有「臺階下」，避免對方因資金壓力選擇完全不理會帳款。

## 八、關係人施壓法

　　透過客戶的上下游、合作夥伴或共同認識的人情壓力，間接施壓。在臺灣的人情社會，透過「朋友的朋友」傳話，讓對方知道「已經有人關心這件事」，往往比直接催款更見效，尤其對重視人際網絡的客戶。

## 非訴訟收款話術範例

　　(1)「我們公司希望不透過法律途徑解決，這邊先用正式函件提醒，請您幫我盡快處理，避免產生違約金與其他信用影響。」

(2)「若資金真的有困難,我們也可以協助評估分期或融資協助,主要是希望帳務能有共識,不至於擱置。」

(3)「我們財務已經開始向商業徵信公司提報欠款情況,但仍希望您能協助避免影響貴司信用。」

(4)「我們產業協會的祕書長對這筆帳款也略有耳聞,大家都希望這是場圓滿的合作,不希望因為尾款而讓業界觀感不好。」

## 非訴訟的靈活戰術,收款更具溫度

收款的藝術在於彈性與專業並進。非訴訟手段不僅讓對方感受壓力,也保有未來合作的可能性。業務與財務團隊應靈活運用這些方法,搭配合約設計、法律意識與情感經營,打造一套完整的收款機制。如此,不僅收款成功率高,更能維護企業形象,累積商業長青的信譽資產。未來,當客戶再談合作時,便知道:「這家公司收款專業、底線清晰,不付帳可是會有代價的。」

# 第九章
## 客戶關係的長期經營術

# 第九章　客戶關係的長期經營術

## 第一節　客戶的「心理契約」建立術

在現代商業關係中，單純的交易契約早已無法滿足企業與客戶之間的關係經營。真正穩固的客戶關係，來自於一種無形卻深刻的「心理契約」。這種契約超越了文字條款，是客戶對企業的一種信任、期待與情感連結。

心理契約來自於社會心理學，指的是雙方在互動中未明說但彼此心照不宣的期待與義務。當客戶感受到企業對自己有長期關注與誠意時，心理契約便悄然形成。反之，一旦客戶覺得企業僅把自己視為一次性交易對象，心理契約便難以建立。

### 如何建立客戶的心理契約

**1. 主動關心與陪伴感**

透過定期的聯絡、節慶問候、生日祝福等，讓客戶感受到企業並非只有交易時才出現，而是在生活的不同節點都與其同在。

**2. 情境式服務**

依照客戶的使用行為與偏好，提供客製化的建議或產品升級。例如針對用戶的消費紀錄，推送專屬優惠或延伸服務，讓客戶感受到「被記得」的尊重。

### 3. 透明與誠信溝通

遇到產品或服務異常時，主動坦誠說明，而非等客戶發現。心理契約的核心在於信任，而誠信正是信任的基石。

### 4. 共創價值感

與客戶一起參與產品開發或服務改善的過程，透過用戶回饋、試用計畫等方式，讓客戶成為企業價值鏈的一分子，而非被動的消費者。

### 5. 情緒記憶點設計

在服務流程中設計溫暖的情緒觸發點，如購後關懷電話、客服的小驚喜，這些細節都是強化心理契約的黏著劑。

## 市場實例

以臺灣多數家電與汽車品牌為例，普遍建立有定期保養提醒、安裝後使用關懷或是季節性維修檢測等服務。這類機制並非單純為了促銷，而是讓顧客感受到品牌對產品全生命週期的責任與陪伴感。例如某些品牌在產品購後 30 天、半年後，主動發送保養提醒簡訊或關懷電話，協助顧客確認使用狀況及潛在疑慮。

這類措施雖各品牌執行深度不一，卻有助於在消費者心中埋下一種信賴感：購買這個品牌，未來遇到問題有人可諮

詢，有困難有人協助。這種非契約但潛在的「心理保障」，正是心理契約的具象化展現。

## 心理契約的維護與風險

心理契約一旦建立，客戶對企業的期待也會提升。一旦企業在服務、溝通上出現落差，客戶的失望感也會放大，甚至產生「背叛感」，對品牌信賴度迅速下降。因此，心理契約需要透過持續的優質互動與關係投資來鞏固。

心理契約破壞的警訊：

- 客戶互動頻率降低，主動聯絡減少
- 客戶開始在公開平臺上提出不滿或質疑
- 客戶明顯對品牌活動不再熱情參與
- 購買頻率下降，開始尋求替代方案

一旦出現上述徵兆，企業就必須啟動客戶關係修復機制，否則一旦心理契約破裂，便難以挽回。

## 心理契約是看不見的長期資產

在競爭激烈的市場，產品與價格終將被抄襲或取代，唯有客戶心理契約是難以被複製的競爭壁壘。企業若能深耕客戶心中那份「超越交易的連結」，便能在市場上穩固立足，並

擁有長久不墜的顧客忠誠度。未來的企業競爭，不僅是產品力與價格力的較量，更是心理契約的經營深度之爭。

## 第二節　從 CRM 到「人情管理」：數據之外的情感經營學

在數位轉型浪潮下，CRM（Customer Relationship Management，客戶關係管理）成為企業標準配備，透過數據掌握客戶的購買行為、偏好與互動紀錄。但真正的客戶關係經營，不能只停留在數據表層，更需進入「人情管理」的層次，才能築起深厚而穩固的顧客連結。

### CRM 的功能與局限

CRM 系統能系統性地記錄客戶資料，掌握消費歷史、互動紀錄、回應速度，並進行客戶分群與行銷精準投放。這些功能對提升銷售效率與服務體驗具備基礎作用。然而，CRM 的局限在於：

- 缺乏溫度與情感連結：CRM 是冰冷的數據，若無人情搭配，客戶感受不到被「特別對待」的溫暖。
- 數據外的人脈關係無法量化：許多 B2B 交易，決策並不完全靠邏輯與數據，而是建立在信任與人情的基礎上。

- 對非理性行為的預測力不足：人是情感動物，客戶的決策不只基於價格與規格，還涉及對業務員、品牌的情感投射。

## 人情管理的核心理念

「人情管理」是 CRM 之外的進階版本，強調用情感、信任與人脈網絡來鞏固關係。這套方法源自亞洲文化中對「人情、義氣、交情」的重視，在臺灣尤其適用。

- 交情的經營：透過私下聚會、節慶互訪、家庭事務的關心，讓客戶感受到彼此不只是商業夥伴，更是朋友或家人般的存在。
- 情感投資：投入時間、心力去了解客戶的價值觀、人生目標與個人情感需求。例如記住客戶孩子的生日、喜好的運動、關注的公益活動。
- 社群網絡的連結：不只是與客戶一對一連結，更透過客戶擴散到他的朋友圈、商業圈、產業網絡，形成「關係的同心圓」。

## 第二節　從 CRM 到「人情管理」：數據之外的情感經營學

### ▌從數據到情感的策略轉換

**1. 數據指引，情感補位**

利用 CRM 掌握客戶基礎資料與偏好，作為拜訪、互動的基礎，再透過面對面交流、非正式場合的互動，補上數據無法涵蓋的情感深度。

**2. 對話而非通知**

傳遞訊息不再只是簡訊、EDM，而是透過 LINE、社群甚至電話問候，讓客戶感受到「你記得我」的真誠。

**3. 用故事建立連結**

在行銷與互動中，用故事讓客戶感受到品牌與自己的生活產生交集，而非單向推播商品資訊。

### ▌市場案例：保險業務員的人情管理術

在臺灣，壽險與產險業務員的人情管理尤為重要。優秀的保險業務員不僅在客戶投保後持續關心，更會在客戶的生日、結婚紀念日、家庭新成員誕生等人生重要時刻，主動送上祝福或小禮物。此外，保險業務員也習慣在每年保單檢視時，透過面對面或電話聯絡，協助客戶了解保障是否充足，並針對家庭狀況變化提供建議。

這樣的經營方式讓客戶對業務員產生高度信任感，將其

## 第九章　客戶關係的長期經營術

視為「家庭的風險管理顧問」，而非單純的商品推銷者。當客戶需要加保、轉保或介紹親友時，通常會優先想到這位貼心且值得信賴的業務員。這正是人情管理在保險行業的真實威力。

### ▍人情管理的策略建議

#### 1. 建立「客戶生活記事本」

透過日常對話，記錄客戶的興趣、家庭、人生大事，形成專屬的情感檔案。

#### 2. 節慶與特殊日子的真心問候

每逢端午、中秋、農曆新年，不只是寄送禮盒，更可附上手寫卡片，或以電話親自問安。

#### 3. 非營利互動的比例

與客戶的互動，不應僅在需要銷售時出現，平日透過分享有趣資訊、生活小撇步、產業動態，建立「無目的的陪伴感」。

#### 4. 尊重界線，避免打擾

人情管理非情緒綁架，需尊重客戶的隱私與節奏，過度打擾反而適得其反。

## 人情管理與 CRM 的融合：數據溫度化

最理想的狀態，是 CRM 不只是數據系統，而是轉化為「溫度系統」。例如：

- ◆ CRM 提醒：客戶上次互動已過三個月
- ◆ 業務動作：以問候生活近況、最近興趣為話題開啟聯絡

讓資料驅動的不只是行銷行動，更是情感互動的節奏，才能將 CRM 真正落實為「客戶關係管理」，而非僅是「客戶資料管理」。

## 科技管理數據，人情經營關係

在這個 AI 與自動化盛行的時代，真正能留住客戶的，往往不是科技本身，而是科技之上的人情溫度。企業若能在 CRM 之外，打造一套「人情管理」的系統性方法，就能在冷冰冰的數據時代，贏得客戶心中最柔軟的位置。

# 第三節　客戶分級與差異化經營

在客戶關係管理的策略中，「一視同仁」並非最高指導原則。事實上，企業若無法區分不同價值的客戶，將導致資源錯配、經營成本上升，甚至錯失高價值客戶的長期合作機

會。透過科學的客戶分級與差異化經營，企業才能在有限的資源下，達到關係深化與獲利最大化的雙重目標。

## 客戶分級的理論基礎

客戶分級源自於「帕雷托法則」，亦即 80/20 法則：80%的業績往往來自 20%的客戶。將客戶分級，實際上就是為了辨識這20%的關鍵客群，並對不同層級客戶給予最適資源分配。

最常用的客戶分級模型如：

### 1. RFM 模型

- Recency（最近一次消費時間）
- Frequency（消費頻率）
- Monetary（消費金額）

### 2. CLV（顧客終身價值）模型

評估一位客戶在整個生命週期內，為企業帶來的總利潤。

### 3. ABC 分級法

- A 級：高價值、持續購買、有潛力推薦其他客戶
- B 級：穩定購買，但未達高價值
- C 級：低頻消費或偶爾消費

## 企業的分級實務案例

以某連鎖餐飲品牌為例，透過會員制度對客戶消費行為做 RFM 分析，將會員分為「尊榮級」、「金卡級」、「一般級」。尊榮級會員可享受專屬菜單、免費升級、生日當月特殊招待等，形成明顯的服務差異，提升高價值客戶的滿意度與忠誠度。

而在 B2B 領域，如製造業者針對國際客戶，會依訂單量、付款速度與合作年限，將客戶區分為「策略夥伴」、「優質客戶」、「普通客戶」，並針對策略夥伴提供技術協助、產線優先排程等深度服務。

## 差異化經營的策略手法

### 1. 專屬客戶經理制度

為 A 級客戶配置專屬經理，提供一對一諮詢、客製化方案，讓高價值客戶享有特別照顧，強化專屬感。

### 2. 專屬優惠與禮遇

如銀行對 VIP 客戶提供的匯率優惠、私人理財顧問，或是電商平臺對高消費會員給予提前購物權益、專屬折扣。

### 3. 客戶共創計畫

與高價值客戶共同開發新產品或新服務，讓客戶參與企業創新流程，強化夥伴關係與依賴性。

### 4. 差異化溝通頻率與內容

A 級客戶可享受更頻繁、深度的溝通,如邀請參與企業內部簡報、專業研討會;而 B、C 級客戶則維持基礎的定期更新與關心。

## 客戶分級後的管理風險

（1）過度標籤化:若對 C 級客戶過於冷漠,易產生品牌負面觀感,影響口碑。

（2）高價值客戶的過度依賴:若企業高度依賴少數 A 級客戶,一旦對方流失將重創營收,需避免過度集中風險。

（3）資料更新不及時:客戶價值會隨時間變化,企業必須定期更新分級,避免錯誤判斷。

## 分級經營,資源投入的智慧

客戶分級與差異化經營,讓企業能以有限的資源,換取最大化的客戶滿意度與收益。然而,分類是手段,經營才是核心。唯有在精準分級的基礎上,搭配有溫度、有差異的關係經營策略,企業才能真正實現「服務有別、關係有層次、價值有提升」的長期競爭力。

## 第四節　客戶社群的凝聚與營運法

在客戶關係的長期經營中，單點式的業務互動已無法滿足客戶的期待。現代企業紛紛透過「社群」的力量，打造顧客間的連結，讓客戶不只是與品牌連結，更是與其他顧客彼此交織，形成穩固的網絡效應。社群經營已不再只是行銷手段，更是深度關係經營的核心策略。

### 為何要經營客戶社群？

**1. 提升黏著度**

社群讓客戶與品牌之間產生情感連結，不僅是商品使用者，更是「圈內人」。

**2. 降低流失率**

參與社群的客戶因為彼此之間的互動與認同，對品牌的轉換成本與心理門檻自然提升。

**3. 激發用戶創造力**

社群成員間的交流，能激盪出新需求、新應用，甚至是品牌創新靈感的來源。

### 4. 口碑擴散與自發性推廣

社群中的滿意用戶容易成為品牌的自然代言人，形成正向口碑擴散。

## 客戶社群的類型

（1）產品功能型社群：圍繞商品或服務的使用交流、技巧分享，例如攝影器材品牌建立的攝影社群。

（2）品牌文化型社群：強調品牌價值觀與生活方式，如 Nike 的運動社群、特斯拉的車主俱樂部。

（3）專業交流型社群：如 B2B 產業中的技術論壇、專業交流群組，透過分享專業知識鞏固客戶黏性。

（4）興趣導向型社群：品牌延伸出與產品相關的興趣領域，如家電品牌經營的美食、居家生活社群。

## 客戶社群營運的關鍵步驟

（1）明確定位與目的：社群經營需設定清晰的核心價值與服務目標，避免流於雜談群或僅是客服延伸。

（2）設計激勵機制：透過點數、等級、專屬福利等機制，鼓勵使用者持續參與和貢獻內容。

（3）培養核心使用者與意見領袖：挖掘並扶植對品牌有高度認同與活躍分享的用戶，讓他們成為社群的意見領袖（KOL）。

### 第四節　客戶社群的凝聚與營運法

(4)定期舉辦線上與線下活動：透過主題講座、工作坊、見面會等，讓社群從線上延伸到實體，增強成員間的連結感。

(5)內容營運策略：持續產出高品質、具價值的內容，如教學文章、產業趨勢分享、品牌內幕故事，提升社群的資訊密度與吸引力。

(6)建立回饋與共創機制：讓社群成員能夠對產品、服務提供意見，甚至參與新產品的測試與設計，增強參與感與擁有感。

## 市場案例

以臺灣某健身品牌為例，除了一般會員制，品牌特別成立「菁英俱樂部」，招募忠誠會員加入，透過專屬課程、戶外挑戰賽、營養講座與會員專刊，營造社群專屬感。這些會員不僅自發性分享健身心得，更成為品牌最有力的口碑推手。

又如某家手沖咖啡器具品牌，成立了愛好者社群，不定期舉辦手沖教學、比賽與新品試用活動，讓品牌不只是賣器材，更成為「手沖文化」的推廣者，培養了大批死忠粉絲。

## 客戶社群經營的挑戰

(1)內容枯竭與參與熱度下滑：若社群經營者無法持續創造新話題與新價值，社群易逐漸冷卻。

(2)過度商業化的反感：一味推銷產品會讓社群失去真誠感，成員參與動力下降。

(3)管理資源不足：社群需要人力持續經營與互動，若企業未投入足夠資源，社群易流於形式。

## 社群是客戶關係的資產

客戶社群經營不應僅是行銷部門的 KPI，而應視為企業的長期資產。透過社群，企業得以深化客戶關係、創造品牌護城河，並在變動的市場中培養出穩定的核心支持群。未來的企業競爭，拚的不只是產品與價格，而是誰擁有更強大的社群資本與顧客共創力。

## 第五節　如何從服務再升級轉為關係黏著

在高度競爭的市場環境中，企業已普遍意識到「售後服務」是基本功，然而，若僅停留在服務層面，終究無法真正留住客戶的心。企業必須將「服務」升級為「關係」，進一步形成不可取代的「黏著力」，讓顧客不只是因為產品或服務才留下，而是因為與品牌間的深度連結。

## 第五節　如何從服務再升級轉為關係黏著

### 從功能服務到情感連結的轉換

傳統的售後服務，著重於產品的維修、技術支援、使用指導等「功能性解決」。但要轉化為關係黏著，企業必須再進一步，將服務過程轉為一種「被重視」與「被理解」的體驗。

舉例：

- 手機品牌除了提供線上維修預約，額外設立「VIP 尊榮專線」，讓高階用戶無需排隊等待，進一步感受尊榮感。
- 保險公司在理賠服務後，主動關心客戶的後續需求，如醫療康復、法律諮詢，讓客戶感受企業對人而非單純理賠的關心。

### 打造「驚喜時刻」與「情緒記憶點」

研究顯示，顧客對品牌的好感，往往來自於「預期之外的正面體驗」。企業可透過以下方式，營造超越期待的驚喜：

- 客製化關懷：如電商平臺在顧客第一次購買達到一定金額時，寄送一張手寫感謝卡或小禮物。
- 情境式的專屬服務：如飯店針對常客主動記錄其喜好，房間布置或餐點選擇依顧客偏好提前準備。
- 突發的正向互動：品牌社群小編不定時在客戶公開發文下留言祝賀，讓顧客有被「翻牌」的驚喜感。

## 第九章　客戶關係的長期經營術

### 導入會員制度，從服務轉向關係管理

會員制度不僅僅是促銷工具，更是打造關係黏著的制度化手段。透過分級會員設計，不同層級的客戶享有差異化的專屬服務、活動與資訊權限，強化「留在這裡更值得」的感受。

市場實例：

知名連鎖書店透過「會員日」、「專屬折扣」與「作家私享會」，不僅讓購書成為消費，更是文化交流與社群參與的一環，進一步黏住愛書人群的心。

### 服務再升級的數據應用

服務升級需仰賴數據的精準洞察。企業應善用 CRM 與顧客行為數據，預測客戶需求，主動在客戶意識到之前就提出解決方案。

例如：

◆ 訂閱型服務如串流平臺，透過觀看偏好推薦專屬片單；
◆ 健身房依據會員運動紀錄，主動提供進階課程或營養建議。

### 建立「共創」機制，強化參與感

關係黏著的深化，來自讓客戶不再只是「被服務者」，而是「共創者」。

### 第五節　如何從服務再升級轉為關係黏著

- 新品試用與回饋機制：讓忠實客戶成為第一波新品體驗者，並參與優化建議。
- 客戶聲音進入決策：透過社群票選、意見徵集等，讓客戶參與新品命名、設計等決策。
- 品牌活動共創：如運動品牌與消費者共辦路跑、健身挑戰賽，讓品牌成為生活一部分。

## 維繫關係的節奏與頻率

關係的黏著需要適當的節奏，過頻會打擾，過疏則易淡忘。企業可依客戶價值與互動習慣，設定適宜的聯絡頻率。

- 高價值客戶：每月一次的專屬資訊或活動邀請。
- 一般客戶：每季一次的關懷或產品升級資訊。
- 低頻客戶：節慶問候、年度回顧等溫馨互動。

## 臺灣市場的關係黏著實務案例

某高端茶品牌針對長期訂購的客戶，定期寄送限量季節新茶試飲包，並邀請參加品牌專屬茶會。這樣的做法讓顧客感受到不僅是「客人」，更像是品牌朋友，從而形成高度忠誠度。

保險業務員則透過年度保單檢視、人生階段風險盤點，讓客戶覺得業務不只是「賣保險的」，而是「一生的風險顧問」。這種角色的轉換，是從服務走向關係黏著的最佳實例。

## 第九章　客戶關係的長期經營術

### ▎從交易到交心，企業的長久之道

企業要從「服務」躍升為「關係」，必須在每一個接觸點上用心設計情感體驗，並透過制度與數據讓這份情感可持續、可放大。當客戶不再只是記得企業的產品，而是記得企業帶來的情感與記憶，這才是關係黏著的最高境界。

## 第六節　客戶不滿時的安撫與修復

在客戶關係經營的過程中，客戶的不滿幾乎是無法避免的現象。再優質的產品、再完善的服務，都有可能因為期待落差、溝通誤解、產品瑕疵或服務疏忽，導致顧客的不悅。一旦處理不當，不僅影響單次交易，更可能破壞多年經營的信任基礎。因此，掌握客戶不滿時的安撫與修復之道，成為企業長期關係經營的關鍵環節。

### ▎認知：客戶不滿是修復關係的契機

心理學中的「服務補救理論」指出，當企業能在客戶不滿時，展現出高於平時的服務水準，往往反而能讓顧客的滿意度與忠誠度提升至未出錯前的更高水準。這被稱為「補償效應」或「回彈效應」。

### 第六節　客戶不滿時的安撫與修復

也就是說，若企業能把握安撫與修復的黃金時刻，不僅能解決眼前的問題，更有機會深化客戶對品牌的信任與情感連結。

## 安撫客戶的黃金原則

### 1. 迅速回應

速度是安撫的第一要素。客戶投訴後的第一時間，企業的反應速度會直接影響客戶的情緒走向。黃金 24 小時內回應，是安撫的基本門檻。

### 2. 真誠致歉

不管責任歸屬，先向客戶表達誠摯的歉意，讓客戶情緒先被安撫。道歉的重點在於態度而非責任歸屬。

### 3. 傾聽與同理心

給予客戶完整表達不滿的空間，並適時用語言表達對其情緒的理解與共感，如「我可以理解這樣的情況真的讓您很困擾」。

### 4. 透明溝通

坦誠問題原因與企業的改善措施，讓客戶感受到企業願意負責任，不是逃避或推諉。

### 5. 具體補償

適度提供折扣、贈品或升級服務作為補償,讓客戶感受到企業的誠意。

## 修復關係的深度策略

### 1. 主動後續追蹤

解決問題後,企業應在一週內主動聯絡客戶,確認問題是否圓滿解決,並再次表達關心。

### 2. 內部專人負責制

針對特定的客訴,指派專人全程追蹤與協助,避免客戶在不同窗口間被推來推去。

### 3. 打造專屬安撫流程

如建立「白金客戶關懷小組」,針對高價值客戶的不滿提供客製化修復方案,強化尊榮感與重視度。

## 臺灣市場的實務案例

某高級家電品牌針對投訴的客戶,不僅安排技師到府維修,並額外贈送保養組合與延長保固一年,讓客戶感受到不僅問題被解決,還獲得額外的保障。最終該客戶不僅未流失,還將經驗分享至社群,為品牌帶來正面口碑。

第六節　客戶不滿時的安撫與修復

　　保險業亦常見透過理賠後的安撫關懷，如業務親自致電關心客戶是否有醫療與後續需求，甚至協助安排專業醫療諮詢，進一步展現企業的人性化關懷。

## 處理客戶不滿的話術示例

　　（1）「非常感謝您願意讓我們知道這個問題，真的很抱歉讓您有這樣的困擾。」

　　（2）「我完全理解這對您造成的不便，我們會立即處理，並且確保後續不再發生。」

　　（3）「除了這次的補償方案，我們也會再多安排一次檢視，確保一切符合您的需求。」

## 轉危機為轉機：不滿是品牌再定位的機會

　　每一次客戶的不滿，都反映出企業服務或產品流程中的缺口。透過系統性回顧與優化，企業可將客戶的不滿轉化為內部改善的驅動力，甚至為品牌再定位。例如：若多數客戶反映客服回應慢，企業可因此優化客服系統或導入 AI 客服輔助，全面提升回應速度與精準度。

## 第九章　客戶關係的長期經營術

### ▍不滿處理，決定品牌的厚度

企業的專業不只在於賣得好，更在於「修復得好」。每一次客戶的不滿，都是一次品牌誠信與應變力的試煉。唯有具備同理心、執行力與制度化的修復機制，企業才能在每一次危機中，淬煉出更深厚的客戶信任與品牌力。

## 第七節　顧客終身價值（CLV）的經營思維

企業經營客戶關係的最終目的，不只是一次交易的完成，而是希望客戶不斷回流，持續消費，甚至主動推薦。這背後的關鍵指標，就是「顧客終身價值（Customer Lifetime Value, CLV）」。CLV 不僅是衡量客戶貢獻的財務指標，更是企業資源分配、關係經營與決策優化的重要依據。

### ▍什麼是顧客終身價值（CLV）

顧客終身價值，指的是一位客戶在與企業的整個關係期間，預計為企業帶來的總利潤。其計算方式通常包含以下變數：

- ◆ 客戶平均購買頻率：客戶一年或一季購買的次數。
- ◆ 每次購買的平均金額：客戶每次交易的單價或消費額。
- ◆ 客戶關係維持的時間：客戶持續消費的年數或週期。
- ◆ 邊際貢獻率：扣除成本後的實際利潤率。

### 第七節　顧客終身價值（CLV）的經營思維

公式簡化為：

CLV ＝客戶年平均貢獻利潤 × 客戶平均關係年限

## CLV 對企業的重要性

### 1. 指導資源投放

高 CLV 的客戶值得更多的資源與時間經營，如專屬服務、客製化優惠等。

### 2. 協助行銷決策

理解不同客群的 CLV，企業可精準投放廣告，提升獲客的投資報酬率（ROI）。

### 3. 提升企業估值

CLV 是衡量企業成長性與穩定性的關鍵指標，尤其是訂閱制、電商平臺等業態，CLV 高的企業更受資本市場青睞。

### 4. 驅動產品與服務優化

持續追蹤 CLV 的變化，能反映產品或服務是否持續符合客戶期待，指導企業疊代升級。

## 第九章　客戶關係的長期經營術

## 提升 CLV 的關鍵策略

### 1. 延長客戶生命週期

透過不斷創新產品、服務升級與價值延伸,讓客戶始終有新鮮感與持續需求。

### 2. 提升客戶單次消費額

設計產品組合包、交叉銷售與升級銷售,拉高單次交易金額。

### 3. 降低客戶流失率

建立完善的客戶關懷與售後服務,減少因不滿或無感而流失的風險。

### 4. 強化推薦機制

設計推薦獎勵計畫,讓現有客戶帶來新客戶,擴大 CLV 的延伸價值。

## 臺灣企業實務案例

### 1. 電信業

臺灣電信龍頭針對高價值用戶推出專屬客服、免費升級資費、機票折扣等,確保高 CLV 客戶不易被競爭對手挖角。

## 2. 電商平臺

透過會員制度，依消費累積金額升等 VIP 會員，享有專屬客服、預購權利、折扣碼等，提升回購率與客單價。

## 3. 壽險業

壽險業務員針對長年投保的客戶，主動提供保單健診、財富管理建議，將保險從單一產品銷售升級為家庭風險管理顧問，延長客戶關係與價值挖掘。

# CLV 的數據化經營工具

(1) CRM 系統：記錄客戶的消費行為、互動紀錄與反應，幫助預測 CLV。

(2) 資料分析模型：透過機器學習預測不同客群的未來價值，並自動標籤以利差異化經營。

(3) 訂閱制平臺：如影音串流、數位內容訂閱，透過續約率、升級率等指標，直接反映 CLV 變化。

# CLV 經營的管理挑戰

(1) 數據不足或不完整：缺乏全通路的數據串接，易導致 CLV 評估失準。

### 第九章　客戶關係的長期經營術

(2) 短視近利的銷售導向：若企業只看當下銷售成績，忽略長期價值，容易因壓迫式銷售傷害客戶關係，反而壓縮 CLV。

(3) 跨部門合作困難：CLV 的提升需要行銷、業務、客服、產品等部門協作，若部門壁壘重重，則難以形成合力。

## CLV 是客戶關係的長期戰

顧客終身價值不是一個靜態數字，而是企業每一個經營環節的總和。唯有從產品設計、服務體驗、客戶關懷到行銷溝通，皆以提升 CLV 為核心思維，企業才能真正打造穩固且長久的客戶資產。長期來看，誰能提高 CLV，誰就掌握了市場競爭的主導權。

# 第十章
## 忠誠度與轉介紹的引爆點

# 第十章　忠誠度與轉介紹的引爆點

## 第一節　顧客轉介紹背後的心理門檻

顧客願意為品牌轉介紹，往往是企業夢寐以求的口碑行銷效果。但現實中，大多數顧客即便滿意，也不一定主動介紹，這背後有著深層的心理門檻。理解這些心理機制，是企業設計有效轉介紹機制的第一步。

### 轉介紹的心理障礙

#### 1. 風險與責任感

顧客擔心介紹的對象若不滿意，會影響自己的人脈關係，因而不敢輕易推薦。尤其在專業服務、高單價產品如保險、金融、房地產等，推薦錯誤可能影響個人信譽與人際關係。

#### 2. 動機不足

若沒有誘因，顧客往往不會主動思考「還有誰可以推薦」。即使體驗良好，沒有適當的推力，推薦行為仍不易發生。

#### 3. 缺乏提醒與時機點

顧客不見得記得或意識到可以轉介紹，需企業適時提醒，並在顧客滿意度最高的時機點提出邀請，方能事半功倍。

### 4. 信任程度尚未成熟

若品牌與顧客的情感連結不夠深，顧客難以「掛保證」。顧客對品牌信賴感不足時，轉介紹意願自然降低。

## 建立轉介紹的信任基礎

### 1. 持續創造正向體驗

每一次的服務與互動都應超越顧客期待，讓顧客對品牌產生「值得分享」的感受。例如某高級家具品牌，會在產品送達後主動致電確認使用體驗，並於滿月時寄送保養指南與專屬保潔布，提升顧客好感與信任。

### 2. 強化品牌故事

讓顧客清楚品牌理念與差異化，方便在轉介紹時，有故事可講，有亮點可推。如臺灣的茶品牌擅長訴說茶葉產地與製程，顧客在分享時便能以「品味文化」為主題吸引他人注意。

### 3. 情感連結的深化

透過節慶問候、生活關心、專屬活動等，讓顧客感受到被重視，提升主動分享的意願。特別是在農曆新年、中秋等節慶，透過專屬小禮或問候，強化品牌的溫度感。

## 第十章　忠誠度與轉介紹的引爆點

### 降低轉介紹的心理門檻策略

#### 1. 降低責任感壓力

透過「試用推薦」、「無損體驗」機制，讓被推薦者風險低，推薦人壓力小。例如健身房提供「帶朋友免費體驗一次」的活動，不僅降低被推薦人的嘗試成本，也讓推薦人更無顧慮。

#### 2. 建立推薦的榮譽感

設計「推薦人榜單」、「金牌推薦人」制度，讓推薦變成一種成就與榮耀。透過表揚、公開感謝等方式，讓推薦者在社群中獲得身分認同。

#### 3. 提供推薦話術與工具

企業可設計轉介紹的專屬話術、簡報或分享範例，降低顧客推薦時的表達障礙。如金融投資顧問可提供「推薦好朋友，共享資產管理的信賴夥伴」的標準訊息，協助客戶更自然開口。

#### 4. 轉介紹流程的數位化與便利性

透過 QR Code、社群分享按鈕、專屬連結等數位工具，簡化推薦行為的操作流程，讓顧客能隨時隨地快速分享。

### 市場案例

某電商平臺同時提供折扣碼給推薦人與被推薦人，並透過 App 內的「邀請好友」功能，簡化分享流程，降低顧客轉

介紹的行動成本。這類設計讓推薦變得簡單、自然,且雙方皆得利,有效促進口碑擴散。

另一家連鎖咖啡品牌,設計「好友分享券」,鼓勵顧客將優惠券分享給朋友,朋友消費後,推薦人可獲得積點回饋,形成互利的推薦循環。該品牌亦設立「年度推薦王」獎勵制度,每年頒發給最多推薦的顧客,進一步刺激轉介紹的動力。

此外,某知名保險公司推出「保戶推薦禮」活動,邀請現有客戶推薦親友投保,推薦成功者不僅獲得禮品,還能參與專屬的理財講座或旅遊活動,將轉介紹行為與專屬權益連結,提升參與感與榮譽感。

## 轉介紹的啟動點在心理

顧客轉介紹的背後,是信任、動機與工具的交織。企業若能深入理解顧客的心理門檻,設計低壓力、高動機、易操作的轉介紹機制,便能真正打開顧客自發性傳播的大門。轉介紹不再只是運氣,而是可設計、可複製的關係擴散引擎。

未來企業若要在口碑行銷中脫穎而出,必須將轉介紹納入整體顧客經營策略中,從教育顧客、強化品牌信任、營造社群榮譽,到建置完善的轉介紹制度,每一環都是影響顧客是否「願意開口」的關鍵。轉介紹不只是交易的延伸,而是品牌社群擴張的起點,更是企業永續成長的隱形引擎。

# 第十章　忠誠度與轉介紹的引爆點

## 第二節　請顧客幫忙介紹的開口藝術

即便顧客對品牌滿意，也未必會自發性介紹他人。此時，企業若能掌握「開口」的時機與藝術，便能有效提升轉介紹的發生率。請顧客幫忙推薦，看似簡單，實則是一場心理學與溝通技巧的雙重考驗。

### 開口時機：把握感動時刻

開口請顧客轉介紹，首重「時機對」。錯誤的時機，如客戶尚未感受到產品價值，或服務體驗尚未完善時，就貿然請求推薦，反而可能讓客戶產生壓力或反感。

最佳開口時機：

- 顧客明確表達滿意時：如顧客在回饋表單、客服電話或社群留言中提及滿意度，此時是開口的黃金時刻。
- 任務達成或成果顯現後：如健身教練在學員達到體態目標時、顧問協助客戶完成專案時，此刻顧客正感受到價值的實現，推薦意願最強。
- 情緒高峰期：參與品牌舉辦的專屬活動、VIP 聚會後，顧客情緒高漲，易於開口請其分享與推薦。

## 開口話術設計：讓顧客樂於幫忙

開口邀請推薦時，話術設計需兼顧禮貌、尊重與誘因，避免讓顧客感受到被利用或壓迫。

基礎話術結構：

◆ 肯定與感謝：「非常感謝您對我們的信任與支持，您的滿意對我們來說意義非凡。」
◆ 邀請與解釋：「我們希望將這樣的好體驗分享給更多人，不知道您是否有親友也可能有類似的需求？」
◆ 降低心理負擔：「當然，若您不方便也沒關係，但如果願意介紹，我們會非常感激。」
◆ 明確誘因：「被您介紹的朋友將獲得專屬優惠，您也能享有回饋積點或下一次消費折扣。」

進階話術範例：

◆ 「您這次合作的成果真的非常亮眼，若您身邊有朋友需要類似的協助，介紹給我們，我們一定以同樣的用心服務他們。」
◆ 「我們正在招募金牌推薦人，只要推薦成功不僅有獎勵，還能參加我們的尊榮活動，您願意參與嗎？」

## 第十章　忠誠度與轉介紹的引爆點

### ▌市場開口藝術的應用案例

　　某壽險業務員在保戶成功理賠後，不會立刻請求推薦，而是在一週後以「回訪關心」之名再次聯絡，關心客戶的康復情況，同時詢問「不知您身邊的親友是否也有保障需求？如果您覺得我們的服務值得信任，我很樂意也為他們提供建議。」透過關心包裝，讓開口自然且有溫度。

　　某知名健身品牌則在會員達成健身目標時，送上一張「英雄卡」，上面寫著「你的成就激勵了我們，也能啟發你的朋友。帶著朋友來，我們一起見證下一個改變！」結合成就感與榮譽，讓會員樂於推薦。

### ▌請顧客介紹的潛在迷思

　　(1) 時機錯誤，打草驚蛇：若客戶還在評估或尚未體驗完整，就急著要推薦，容易引起防備心理。

　　(2) 誘因不明，難以動機：若推薦沒有對雙方的明確好處，顧客會缺乏行動的驅動力。

　　(3) 開口太直接，缺乏情感鋪墊：未先鋪墊感謝或關心，開口就請人推薦，容易讓顧客感受到「你只是要我帶客人來」。

## 文化因素與溝通風格

在臺灣文化中,間接式請求比直接請求更能被接受。透過故事、舉例、分享其他客戶的推薦經驗,比赤裸裸地說「請幫我介紹」來得更具效果。

例如:

「上次有位保戶推薦了他弟弟給我,後來發現他弟弟其實有很多保障漏洞,我們也協助做了很好的規劃。我當時就在想,其實很多家庭都有這樣的需求,只是沒人提醒。如果您身邊也有人,我很樂意提供協助。」

## 開口的藝術,在於尊重與共好

請顧客幫忙介紹,不只是技巧,更是一種關係的試煉。唯有在信任基礎上,選對時機、用對話術,並讓顧客感受到介紹行為不僅無損,還能創造價值與榮譽,才能讓轉介紹成為客戶自發的習慣。真正的開口藝術,是讓顧客在「幫你」的同時,也成就了自己的人際價值。

## 第三節　設計轉介紹的獎勵制度

要讓顧客樂於推薦,光靠口頭感謝或情感連結往往不足。企業若能設計出具吸引力且公平的轉介紹獎勵制度,才

## 第十章　忠誠度與轉介紹的引爆點

能有效驅動顧客行動，讓推薦從偶發變成習慣，甚至成為客戶日常中的「自動反應」。

## 轉介紹獎勵的核心原則

### 1. 雙重回饋

獎勵機制應兼顧推薦人與被推薦人，讓雙方都能感受到「我得利、你得利」，才能激發更多人願意推薦。

### 2. 透明與易懂

制度需簡單明瞭，讓顧客清楚知道推薦成功後的獎勵是什麼、如何獲取、何時發放。

### 3. 即時性與累積性兼顧

部分獎勵可即時發放（如現金回饋、購物金），部分則設計為累積制（如集點換好禮），滿足短期激勵與長期誘因。

## 常見的轉介紹獎勵類型

（1）現金獎勵：每成功推薦一位客戶，直接回饋現金或購物金。例如推薦一人，贈 NT$300 回饋金。

（2）折扣或消費金：推薦人與被推薦人都獲得折扣券或消費金，如推薦朋友首次消費享 9 折，推薦人同時獲得 NT$100 購物金。

(3)會員積點：透過推薦累積點數，達到一定點數可兌換商品或服務。

(4)專屬權益：如優先體驗新品、專屬客服、VIP活動邀請等，讓推薦人感受到身分的差異化與榮譽感。

(5)實體禮品：推薦達一定數量或金額，贈送限量周邊商品或高價值贈品，如3C產品、旅遊券等。

## 市場實例

### 1. 金融與保險業

某銀行設計「推薦開戶禮」，推薦新戶開戶且完成指定任務，推薦人可獲現金NT$500，被推薦人也有NT$200回饋。

### 2. 電商平臺

某大型電商App，設有「好友推薦碼」，新用戶輸入推薦碼可得購物金，推薦人也同步獲得相等額度的回饋，並設有排行榜，讓推薦積極者能獲得額外獎勵。

### 3. 健身房會員

連鎖健身房設計「帶朋友來健身，雙方皆享免費體驗與專屬折扣」的方案，推薦達一定次數的會員還能免費升級VIP資格，享有私人教練折扣。

## 第十章　忠誠度與轉介紹的引爆點

### ▋ 設計獎勵制度的注意事項

（1）避免濫用與套利：須設置推薦的審核機制，防止顧客自行創造虛假推薦牟利。

（2）維護品牌形象：獎勵機制不宜過於短視或庸俗，如過度現金化恐讓推薦流於銅臭，應透過多元獎勵設計兼顧品牌調性。

（3）公平性與層級差異：針對不同客群設計對應的獎勵層級，如一般會員與 VIP 會員推薦的獎勵可設差異，提升高價值客戶的參與感。

### ▋ 進階激勵機制：排行榜與競賽制

企業可設計「推薦王排行榜」，如月度、季度最多推薦者可獲得加碼獎勵，或特別的頭銜與獎座，營造社群內的競爭與榮譽感。例如「本月推薦冠軍，獲贈 Apple Watch 乙只」。

某健康食品品牌就設計過「推薦挑戰賽」，推薦累計達 5 人贈送品牌限量周邊，達 10 人以上可參加與品牌代言人見面的專屬活動，提升推薦者的歸屬感與品牌黏著度。

### ▋ 獎勵的行銷包裝：讓推薦成為風潮

獎勵制度不只是內部機制，更應透過行銷包裝將其變成一種「潮流」。

- 設計吸睛的推薦活動視覺與標語,如「一起帶朋友入坑,邊玩邊賺!」
- 透過社群晒圖活動,如「分享你的推薦故事」,推薦人與被推薦人一起合照打卡,提升社群曝光。
- 利用限時活動,設計「推薦雙倍回饋月」等期間限定活動,刺激推薦行為集中爆發。

## 獎勵制度是關係經營的加速器

　　一套設計良好的轉介紹獎勵制度,不僅驅動顧客參與,更能累積品牌的口碑與社群力量。透過多元的獎勵選擇、層級制度、榮譽機制與行銷包裝,讓每一次的推薦,都成為顧客關係更深一步的契機。長期來看,獎勵制度不只是促銷工具,而是品牌信任與忠誠度的助燃器。

## 第四節　轉介紹的「雙贏結構」

　　設計轉介紹制度不只是提供獎勵,更要打造一套「雙贏結構」,讓推薦人與被推薦人雙方都能獲得實質與心理上的好處,才能讓轉介紹機制持續運作,甚至形成品牌與顧客共生的循環。

# 第十章　忠誠度與轉介紹的引爆點

## 雙贏結構的核心價值

### 1. 讓推薦人感到有價值與榮譽

推薦人應獲得的不只是物質回饋,還有「我幫朋友找到好東西」的成就感與被企業重視的榮譽感。

### 2. 讓被推薦人感到被照顧與尊重

被推薦人應因為透過熟人推薦,享有比一般顧客更好的待遇或優惠,降低首次接觸品牌的心理門檻。

### 3. 企業品牌形象的提升

透過雙贏設計,讓轉介紹過程本身成為品牌價值的延伸,不流於單純交易。

## 常見的雙贏結構設計

(1) 雙方折扣:推薦人與被推薦人各自享有折扣,如推薦成功雙方都享 9 折優惠或等值的購物金。

(2) 雙方專屬禮遇:推薦人可獲得 VIP 權益、被推薦人享有新人專屬禮包或升級服務。

(3) 雙重積點或雙倍回饋:如推薦期間,推薦人與被推薦人均獲雙倍積點,加速兌換福利。

(4) 社群榮譽與曝光:推薦人成功推薦多位顧客後,企業可安排公開表揚,或讓推薦人參與品牌專屬社群、內部體驗會。

## 第四節　轉介紹的「雙贏結構」

## ▌臺灣市場雙贏案例

### 1. 電信業推薦禮

某電信業者設計推薦計畫，推薦新用戶申辦，推薦人可獲得帳單折抵金，被推薦人首年資費再打 9 折，雙方都有感回饋，推薦率大幅提升。

### 2. 金融業友善推薦

銀行信用卡推廣時，推薦人獲得刷卡金，被推薦人核卡後首月消費享現金回饋加倍，雙方都有強烈誘因參與。

### 3. 健身產業的夥伴計畫

推薦朋友入會，推薦人享有每月會費折扣，被推薦人第一月免費體驗，形成雙方都得利的入會契機。

## ▌設計雙贏結構的策略建議

### 1. 彈性選擇獎勵方式

讓推薦人可選擇現金回饋、折扣券或專屬服務，滿足不同推薦者的需求。

### 2. 放大非物質回饋

透過推薦人專屬的品牌活動、體驗之旅、與代言人見面等非物質獎勵，讓推薦行為變成一種身分象徵。

### 3. 加碼激勵設計

針對累積推薦達特定門檻，加碼獎勵，例如「每推薦滿5人，獲得品牌聯名限量品」等，鼓勵持續推薦。

### 4. 設計推薦人分享工具

如專屬推薦連結、個人化邀請卡或社群分享範例，降低推薦行動的操作門檻。

## 文化敏感度與雙贏設計

在臺灣文化中，「人情」與「禮尚往來」特別重要，設計雙贏結構時，需避免讓顧客覺得「只是賣朋友的情面」，而要透過包裝讓推薦變成「分享好康」或「帶朋友一起受益」，讓被推薦人覺得自己賺到，而非被「賣人情」。

## 雙贏結構，讓轉介紹成為共好循環

轉介紹制度的永續經營，關鍵在於是否設計出讓推薦人、被推薦人與企業三方都滿意的結構。透過公平、彈性與榮譽感並重的設計，不只促進銷售，更是在顧客心中埋下「與品牌共好」的種子。當顧客推薦不再只是為了回饋，而是因為熱愛與認同，轉介紹便會從行銷手段，昇華為品牌文化的一部分。

## 第五節　顧客榮譽感養成法

在建立轉介紹與忠誠度的策略中,「顧客榮譽感」是一項無形卻極具威力的資產。當顧客將自己視為品牌的代言人或精神夥伴時,轉介紹就不再只是基於獎勵,而是源自「自豪感」與「認同感」的自發行為。榮譽感的養成,正是將顧客從消費者進化為品牌合夥人的關鍵。

### 什麼是顧客榮譽感?

顧客榮譽感指的是顧客因為使用、認同某品牌,而產生的身分優越感與社群認同感。這種感受來自品牌賦予的「尊榮體驗」、「專屬身分」與「參與品牌成就」的機會,讓顧客覺得「我是品牌的一部分」。

### 顧客榮譽感的心理基礎

**1. 社會認同需求**

人類天生渴望被認可,當品牌透過公開表揚、專屬身分標誌,滿足顧客的社會認同需求時,榮譽感隨之而生。

**2. 歸屬感與參與感**

參與品牌決策、產品命名、活動共創等,讓顧客覺得「我不只是客戶,更是品牌的一分子」。

## 3. 稀缺性與限量性

限量商品、會員專屬權益等，讓顧客因擁有「別人沒有的」而產生優越感。

## 養成顧客榮譽感的具體策略

### 1. 公開表揚與社群曝光

- ◆ 在品牌社群、官網設立「金牌推薦人榜」、「品牌大使牆」，公開肯定推薦人的貢獻。
- ◆ 舉辦「年度最佳推薦人」頒獎典禮，透過儀式感強化榮譽感。

### 2. 專屬身分認證與標誌

- ◆ 設計「品牌大使證書」、「VIP 會員卡」、「推薦徽章」等象徵性物件，讓顧客在使用、參與時能彰顯身分。
- ◆ 提供專屬周邊，如印有「金牌推薦人」的限量服飾、配件。

### 3. 參與品牌共創

- ◆ 邀請高忠誠度顧客參與產品開發、命名投票、品牌活動策劃。
- ◆ 設置「顧客顧問團」，讓顧客有機會直接對品牌提出建議並被採納。

### 4. 非物質性的尊榮體驗

設計專屬客戶旅遊、品牌內部參訪、與代言人或創辦人私密會談等，滿足顧客的心理層次需求。

## 市場實例

### 1. 金融業的專屬尊榮

某臺灣銀行針對高資產客戶設有「私人銀行」服務，除了專屬理財顧問外，還提供高爾夫球賽、藝文展覽包場等活動，顧客因尊榮感而自豪，並樂於轉介紹。

### 2. 電信業的會員尊榮

多家電信公司針對高消費用戶設有尊榮會員制度，提供專屬客服、漫遊優惠、特定活動邀請等權益，透過等級制度與權益差異，讓高價值用戶感受被重視與尊榮，進而強化品牌黏著度。

### 3. 運動品牌社群

某國際運動品牌在臺灣設立「品牌跑步團」，僅限消費滿額且推薦人以上的顧客才能參加，成員享有專屬跑步裝備與參賽資格，形成強烈的社群認同與榮譽感。

# 第十章　忠誠度與轉介紹的引爆點

## ▍設計顧客榮譽感機制的注意事項

### 1. 誠意與真誠

榮譽感的建立不應流於形式，而需透過真誠的關心與實質的專屬體驗，讓顧客感受尊重與重視。

### 2. 持續性與層級感

應設計分層級的榮譽制度，讓顧客隨推薦次數或消費金額的累積，不斷晉升，維持動力。

### 3. 避免過度商業化

過度強調「回饋多少得多少」的物質交換，反而削弱榮譽感的純粹性。

## ▍榮譽感是轉介紹的情感引擎

顧客榮譽感的養成，是品牌關係經營的高階策略。透過榮譽感的塑造，顧客的推薦行為不再只是為了獎勵，而是基於「我是品牌人」的驕傲。當顧客把推薦視為展現自我價值的方式，轉介紹將成為自然而持續的行為，品牌也因此建立起無形的口碑護城河，實現關係經營的永續循環。

# 第六節　如何讓客戶變「非正式業務員」

當顧客對品牌具備高度榮譽感與信任時，進一步的策略便是引導他們成為品牌的「非正式業務員」。這些顧客雖非企業員工，卻能自發性地替品牌宣傳、推薦，甚至協助解釋產品價值，發揮類似業務的功能。這種現象不僅能為企業節省行銷與銷售成本，更能帶來更高的轉換率與口碑擴散力。

## 非正式業務員的定義與價值

非正式業務員指的是沒有領取企業薪資，但主動或自發性地在生活圈、社群平臺或人際網絡中，幫助品牌推薦新顧客、維護品牌形象的忠實用戶。他們之所以具備高度影響力，來自於：

- 人際信任的優勢：熟人推薦天然具備信任感，遠勝陌生業務的銷售力道。
- 使用者經驗的說服力：自身使用後的體驗分享更具真實性與共鳴。
- 社群擴散的能力：善於社群操作的顧客，能讓推薦訊息迅速擴散並引發討論。

## 第十章　忠誠度與轉介紹的引爆點

## ▌如何培養非正式業務員

### 1. 深度教育品牌與產品知識

設計線上或實體的「品牌學堂」、「產品訓練營」，讓顧客了解品牌理念、產品特色與使用技巧，讓推薦時能侃侃而談。

### 2. 賦予專屬身分與認證

頒發「品牌推廣大使」認證、徽章或證書，讓顧客在推薦過程中具備專業背書。

### 3. 打造分享素材與工具

提供推薦範例、影片、簡報、Q&A 資料包，降低顧客在推薦過程中的表達難度，讓推薦行為更自然。

### 4. 設計雙向回饋機制

不只推薦成功才給予獎勵，參與分享、評論、拍攝開箱影片等行為，也應給予點數、積分，形成正向循環。

### 5. 持續性關係經營

定期與非正式業務員交流，舉辦專屬座談、產品體驗會，讓他們感受到「自己是品牌的一分子」，維持參與熱情。

## 臺灣市場潛在模式

在臺灣,保健食品、美妝、健身產業尤為適合發展非正式業務員模式。例如:

- 健身品牌邀請會員拍攝訓練影片,分享自身轉變故事,影片結尾不忘推薦品牌課程;
- 保健食品公司設計「品牌知識分享會」,讓顧客能學會如何向親友解釋產品成分與功效,進而主動推廣;
- 美妝品牌透過「達人養成班」,培養顧客成為化妝教學的半專業 KOL,自帶推薦力。

## 風險與應對

### 1. 資訊傳遞失真

顧客非專業銷售,若解釋錯誤可能誤導新客戶,企業需持續提供正確資訊更新。

### 2. 過度商業化反感

推薦過度可能讓人感到「只是為了賺回饋」,需設計不僅止於物質的動力,如社群影響力、專屬榮譽等。

### 3. 品牌形象控管

企業應制定推薦行為的規範與倫理守則,避免顧客在不適當的場合推薦,影響品牌形象。

## 第十章　忠誠度與轉介紹的引爆點

### ▎打造品牌「千人業務員」的願景

讓顧客成為非正式業務員，不只是銷售的延伸，更是品牌文化的深化。當顧客樂於分享、推薦、解釋品牌價值，企業無形中便擁有了千軍萬馬的銷售與口碑部隊。唯有透過制度化、專業化與情感化的設計，才能讓非正式業務員成為品牌成長的隱形翅膀，推動企業邁向長久穩健的成長曲線。

## 第七節　成熟客戶裂變成你的業務代理

當顧客從非正式業務員進一步蛻變為「業務代理」，這不再只是純粹的推薦，而是將其轉化為品牌的外部合作夥伴，甚至成為品牌滲透新市場的隱形通路。這種裂變式的代理模式，既能擴張業務規模，也能以較低成本快速建立市場覆蓋。

### ▎成熟客戶成為業務代理的條件

（1）高度產品認同與使用經驗：代理人需對產品有深入了解與長期使用的經驗，才能具備專業度與說服力。

（2）具備人際網絡或影響力：代理人需在特定圈層具有人脈或話語權，無論是行業人脈、社區資源，或是社群影響力。

(3)具備銷售或協調能力：不僅推薦，更能談判、解釋、協調，真正承接業務的功能。

## 裂變式業務代理的經營模式

### 1. 分潤制度設計

建立明確的銷售獎金、續購分潤與代理等級制度，讓代理人有可持續的獲利機制。

### 2. 專屬產品或服務授權

提供代理人專屬銷售權或客製化產品選項，讓其具備差異化競爭優勢。

### 3. 教育訓練與銷售支援

定期舉辦產品、銷售、行銷等訓練課程，協助代理人提升專業能力。

提供市場行銷素材、銷售話術、資料分析支援，降低代理開發市場的難度。

### 4. 代理人社群建設

建立代理人專屬社群，如 LINE 群組、Facebook 社團，定期分享銷售心得、激勵活動，形成互相鼓勵與學習的氛圍。

# 第十章　忠誠度與轉介紹的引爆點

## 臺灣市場潛在應用

在臺灣，保健食品、美妝、直銷與健身產業，常見透過成熟客戶轉為代理的成功案例。例如：

◆ 某保健品牌邀請長期愛用者參與「健康顧問計畫」，透過健康講座、社群經營，發展成地區性業務代理；
◆ 美妝品牌培養的「彩妝達人」，透過線上課程與實體教學，進而銷售品牌產品，兼具銷售與教育角色；
◆ 健身教練推薦健身輔助產品，並因其專業形象影響學員採購，形成教練兼代理的雙重身分。

## 裂變代理的風險與監管

### 1. 品牌一致性風險

代理人過多或管理鬆散，容易造成品牌形象混亂，需設立品牌話術與行銷標準作業流程。

### 2. 銷售誇大與誤導風險

需規範代理的行銷行為，避免過度承諾或誤導消費者，影響品牌聲譽。

### 3. 分潤糾紛與管控

設計清晰的分潤與代理規則，並以合約明定雙方責任與義務，防範後續爭議。

## 培養業務代理的長期策略

### 1. 代理人晉升制度

設計等級晉升,從初階代理到區域代理,再到培訓導師,形成職涯發展路徑。

### 2. 持續學習與共創文化

讓代理人持續參與品牌共創、產品開發意見徵集,強化其對品牌的歸屬感與主動性。

### 3. 建立品牌與代理的命運共同體

透過獎勵、尊榮、社群與教育,讓代理人不只是賣產品,而是與品牌共同成長、共同獲利的夥伴。

## 顧客到代理,關係的終極進化

讓成熟客戶裂變為業務代理,是品牌關係經營的終極進化。透過制度化、專業化與文化深化的代理模式,企業不只拓展了銷售版圖,更培養了一批與品牌命運共同體的堅實夥伴。當客戶從「推薦者」成為「事業夥伴」,企業的影響力與成長曲線,將不再受限於傳統的銷售管道,真正實現社群裂變與永續經營的雙贏局面。

## 第十章　忠誠度與轉介紹的引爆點

# 第十一章
# 業務自我經營:時間、品牌與成長

# 第十一章　業務自我經營：時間、品牌與成長

## 第一節　頂尖業務的時間管理公式

頂尖業務之所以能在眾人之中脫穎而出，靠的從來不只是比別人更努力，而是更有策略地分配時間與精力。他們掌握的不是一套死板的行程表，而是一種高產值導向的時間運用邏輯——懂得判斷什麼值得投入、什麼應該捨棄，並將有限的時間資源投資在最可能創造成果的關鍵活動上。

他們的日常不被瑣碎的雜務牽著走，而是持續問自己：「這個時段，做這件事，是不是對業績最有貢獻的選擇？」

正因如此，他們不只是管理時間，更是在設計產值最大化的節奏與重心。

時間一樣，結果不同，差別就在這裡。

### 時間管理的「4D 原則」

**1. Do（立即做）**

五分鐘內能解決的事，立即完成，避免積壓成負擔。

**2. Defer（延期做）**

非緊急但重要的事，安排明確的時間處理，避免「拖著不做」。

3. Delegate（委託他人）

不需親自完成的事,找最適合的人代勞,把時間留給高產值活動。

4. Delete（刪除不做）

對目標無關、無效益的事,果斷捨棄。

## 頂尖業務的時間配置比例

(1) 40％開發新客戶（開發帶來新血）

(2) 30％維繫老客戶（鞏固基本盤）

(3) 20％學習與優化（自我提升與市場趨勢）

(4) 10％個人休息與調整（維持心態與體力）

## 目標管理與達成的心理規劃

頂尖業務會將年度、季度、月度、週計畫拆解成具體可衡量的 KPI,並搭配心理學的「視覺化」與「自我對話」技巧,提升達成率。

- 設定「最小可行步驟」：將目標拆小,降低執行阻力。
- 透過每日自我對話確認：「今天的行動是否離目標更近？」
- 利用「目標牆」或「夢想版」,持續視覺提醒自己的方向。

## 第十一章　業務自我經營：時間、品牌與成長

## ▌ 打造你的業務個人品牌

在業務的競爭中，個人品牌是信任與專業的象徵。打造個人品牌的核心在於：

- ◆ 清晰的市場定位：你專注服務的產業、客群、解決的痛點是什麼？
- ◆ 一貫的形象風格：從穿著、談吐、社群內容，建立專業與可信賴的形象。
- ◆ 專業內容的持續產出：定期在社群、部落格、LinkedIn等平臺分享洞見、案例與市場趨勢，讓客戶覺得「找你就是找對人」。

## ▌ 內容行銷與專業人設塑造

透過內容行銷，讓潛在客戶在「買之前就先認識你、信任你」。

- ◆ 經營專業社群：成立 LINE 官方帳號、社群社團，定期分享產業動態與知識。
- ◆ 影片與直播：用影片或直播解析市場趨勢、產品優劣，提升個人影響力。
- ◆ 個人品牌網站：建立個人網站，集中呈現專業經歷、案例成果、客戶見證。

## 高效檢討：業務日記的祕密

業務日記不是流水帳，而是透過「每日檢討」提升業務效率的祕密武器。

- 今天成交的關鍵是什麼？
- 今天沒成交的阻礙在哪裡？
- 明天要修正什麼？

透過日記不斷優化話術、策略與心態，讓自己每天都比前一天強。

## 情緒管理：穩定輸出的心理訓練

業務工作充滿拒絕與壓力，頂尖業務懂得情緒自我調節：

- 練習正念冥想，讓心態穩定不被情緒操控；
- 運動與健康飲食，維持良好生理狀態，抗壓力自然提升；
- 設立心理支持圈，如業務夥伴、導師，彼此鼓勵打氣。

## 持續學習與成長的路徑

（1）訂閱產業電子報與專業期刊，掌握最新知識。

（2）每年參加至少一場專業研討會或進修課程，讓知識持續更新。

第十一章　業務自我經營：時間、品牌與成長

(3) 與不同領域的業務交流學習，拓展視野，汲取他人成功經驗。

## 自我經營，才是業務長紅的關鍵

真正的業務高手，不是只會賣產品，而是懂得經營自己，將時間、品牌、心態與能力打造成複利成長的系統。唯有不斷疊代自我，才能在競爭激烈的市場中，持續領先，穩定輸出，走得更遠。

## 第二節　目標管理與達成的心理規劃

頂尖業務的成功，從來不是偶然，而是建立在**高度紀律與科學化的目標管理系統**上。他們不只是「有目標」，而是懂得如何透過心理策略與行動機制，讓目標真正內化成每日行動的導航儀。

對他們來說，目標從不是年度報表上的數字，而是清晰、可視、可追蹤的進程指標。他們運用如 SMART 法則、逆推時程、視覺化進度板、每日聚焦清單等工具，把大目標切成小行動，讓每一步都貼近結果。

更重要的是，他們懂得運用心理學技巧 —— 如動機引導、行為承諾、回饋獎勵 —— 來強化持續前進的動力。目標

之所以能達成,不是因為喊得夠大聲,而是因為設計得夠具體、執行得夠連貫。這就是頂尖業務的真正差距。

## 設立 SMART 目標

SMART 代表:

- Specific(具體):明確描述要達成的事情,如「每月成交 10 位新客戶」。
- Measurable(可衡量):有數字與指標追蹤進度。
- Achievable(可達成):目標需具挑戰性但不至於不切實際。
- Relevant(相關性):與長期職涯目標一致,不做無關產值的努力。
- Time-bound(有時限):設定明確的截止日期,如「三個月內提升回購率 20%」。

## 成就動機理論的應用

心理學家大衛・麥克利蘭(David McClelland)在其「成就動機理論」中指出,人們之所以採取行動,往往是因為內在對成功與超越標準的渴望。特別是那些成就需求(nAch)強烈的人,對於目標的設定會展現出一個顯著特徵——**他們不追求安全舒適的目標,而是刻意挑戰「略高於現實」的區間。**

# 第十一章 業務自我經營：時間、品牌與成長

對頂尖業務來說，這種略帶難度的目標，正好位於激發動力與實現掌控感之間的甜蜜點。他們知道，唯有這樣的設計，才能讓大腦產生「值得一拚」的興奮感，同時保持前進的張力。

實務上，可以透過以下兩個方法強化這種動力：

- 設定難度適中的目標：確保任務不過簡單，也不至於過度焦慮，讓自己處於「高效挑戰區」。
- 定期檢視進度並給予小型成就回饋：透過週期性的小目標與回顧機制，累積信心、強化意志，讓成就感持續滾動。

頂尖業務靠的不是衝動，而是一套能持續觸發行動的心理動機系統。目標不是寫來看的，而是設計來驅動自己的。

## GROW 教練模型

GROW 模型是教練輔導常用的目標達成法則，分為：

- Goal（目標）：設定具體的最終目標。
- Reality（現狀）：盤點目前狀況，包含資源、障礙。
- Options（選項）：思考達成目標可採取的各種行動方案。
- Will（意志與行動計畫）：選擇最佳方案並明確行動計畫與承諾。

頂尖業務在設定目標時，會運用 GROW 模型逐步推進，不僅清楚知道自己要什麼，還知道如何拆解路徑與行動方案。

## 行為習慣的心理鋪墊

### 1. 每日行動化

將年度大目標拆解成季度、月度、週、日的具體行為。例如：每日撥打20通陌生開發電話，每週拜訪5位潛在客戶。

### 2. 正向心理暗示

每天早上透過自我對話或書寫：「我今天的任務是××，完成它我就更接近目標。」

### 3. 視覺化工具

打造「目標牆」，貼上數字目標、激勵語、榜樣照片等，隨時提醒自己行動的意義。

## 滾動式目標管理與心理調適

頂尖業務不將目標視為靜態，而是透過滾動式檢討，不斷調整行動與策略。每週設定「檢討日」，檢視：

- ◆ 上週哪些行動最有效？
- ◆ 哪些行動未達標，原因是什麼？
- ◆ 本週應修正的策略是什麼？

此過程結合「成就日記」紀錄，不僅是數據檢討，更是情緒與思維的調適。

## 第十一章　業務自我經營：時間、品牌與成長

### 情緒對目標的干擾管理

（1）情緒日記：記錄每天行動與情緒反應，找出什麼情緒狀態下產能最佳，建立個人行動與心理的最佳配速。

（2）正念訓練：透過冥想、呼吸練習，穩定情緒，避免被短期挫折影響目標推進。

（3）心理支撐系統：建立導師、夥伴支持圈，遇到低潮時有人督促與鼓勵，避免目標卡關。

### 目標達成後的正向回饋機制

（1）設立目標達成獎勵，例如達標後的旅行、購買心儀物品，強化「付出與收穫」的心理回饋。

（2）設立象徵性獎勵，如訂製「業績達標獎盃」或紀念品，讓成就有形化，提醒自己努力的價值。

### 臺灣業務實例

某金融顧問業務員將每季獲客數字拆解為「每週至少 5 場見面會」，並透過週末檢討確保每次會議至少取得 3 項新客戶資訊。為了維持目標感，他在辦公桌前放置目標數字進度板，並在團隊內部每月公布個人進度，激勵自己與夥伴相互追趕。

## 將目標內化為本能：頂尖業務持續領先的心理策略

目標的力量，來自於明確、行動化與可衡量，更來自心理層面的持續驅動。透過結合成就動機理論、GROW 決策模型與行為心理學，頂尖業務早已不把目標視為冰冷的數字，而是自我成長的行動地圖。

他們懂得，目標不只是寫在筆記本上的計畫，而是經過拆解、執行、驗證後，逐漸內化成日常行為的本能。唯有將「達標」變成慣性，業績才能穩定提升，個人極限也才能一再被刷新。這，就是頂尖業務在賽道上持續領先的真正祕密。

## 第三節　打造你的業務個人品牌

在競爭激烈的業務市場，產品與服務逐漸趨同，個人品牌成為區隔業務員高下的關鍵。當顧客不再只因為公司或產品而選擇，而是因為「你這個人」，業務的信任資產就開始累積。打造個人品牌，讓業務員從單純的「賣方」晉升為「市場的意見領袖」。

### 個人品牌的定義與價值

個人品牌不只是名氣，更是專業形象與信賴感的長期累積。對業務而言，擁有強大的個人品牌，等同於在市場上建

## 第十一章　業務自我經營：時間、品牌與成長

立起一座穩固的「信任資本」，帶來多重優勢：

- 顧客主動上門，讓你降低陌生開發的時間與成本；
- 市場願意為你推薦與背書，形成口碑效應，持續放大影響力；
- 擁有對價格的高度掌控權，因為客戶相信的是你帶來的價值，溢價空間自然被信任所承載。

在數位時代，業務不再只是銷售者，而是市場信任的代表。個人品牌的力量，將決定你能走多高、走多遠。

## 打造個人品牌的三大核心

### 1. 清晰定位

建立個人品牌的第一步，就是「清晰定位」。唯有定位夠明確，市場才記得住你，客戶才找得到你。你可以從以下幾個問題自我盤點：

- 你專注服務的產業是什麼？
- 你的專長領域是什麼？
- 你的目標客群是誰？
- 你的獨特價值或能解決的痛點是什麼？

例如：「我是專精於臺灣中小企業數位轉型的財務顧問。」這樣的定位簡潔清楚，讓市場一聽就知道「這件事，

找你就對了」。清晰的定位，不只是對外的記憶標籤，更是你在市場上占據獨特位置的起點。

### 2. 形象管理

- 穿著風格、談吐用詞、線上社群形象，皆需一致且專業。
- 社群媒體（如 LinkedIn、Facebook、Instagram）需定期更新，保持專業與活躍度。

### 3. 專業內容產出

- 每月至少一篇專業文章，分享產業趨勢、實務見解或成功案例。
- 拍攝教學影片、直播 QA，讓市場看到你的專業深度。
- 建立個人網站或部落格，集中展示專業資料與客戶見證。

## 內容行銷的策略

(1) 教育式行銷：透過教學分享，降低顧客對產品或服務的理解門檻，間接建立專業權威。

(2) 故事行銷：分享個人職涯故事、客戶成功案例，讓品牌形象更有人味，強化情感連結。

## 第十一章　業務自我經營：時間、品牌與成長

（3）持續互動：社群經營不是單向發布，需透過留言、回應、投票、社群活動，與粉絲建立連結感。

## 專業人設的塑造技巧

（1）設計一套專屬口頭禪或語言風格，讓市場聽到就聯想到你。

（2）積極參與產業論壇、研討會、講座，擴大曝光與人脈。

（3）成為媒體、專欄、產業平臺的長期投稿人或顧問。

## 臺灣業務品牌實例

### 保險業務員 A

透過 YouTube 頻道解析各類保單，影片風格專業但不失親切，迅速累積上萬粉絲，成為「保險業網紅」，客戶主動上門諮詢。

### 房仲業務員 B

在 FB 與 Instagram 上持續分享房市觀察、裝潢趨勢，並結合個人生活點滴，讓專業與人味並存，成為社區內知名的「房產顧問」角色。

## 維持與升級個人品牌

（1）定期檢視個人品牌是否隨著市場變化而調整定位與形象。

（2）不斷學習新知、擴展跨領域專業，讓品牌持續升級。

（3）設計年度品牌成長計畫，如進軍新平臺、開發新客群。

## 心理學觀點：自我定位與印象管理

根據社會心理學中的「印象管理理論」，個人品牌的塑造本質上是一種對外展示的自我調控。業務員在每次客戶互動中，透過服裝、言談、肢體語言，不斷向外界傳遞「我是誰」的訊號。這種刻意塑造的形象，若與個人專業與誠信一致，將轉化為市場對你的長期信任感。

同時，心理學中的「首因效應」與「近因效應」提醒業務員，首次與客戶見面時的專業形象與臨別前的最後表現，最容易被長期記憶。善用這兩個時機點強化品牌印象，將有助於建立穩固的信任基礎。

## 科技工具的輔助

### 1. 數據追蹤工具

透過 Google Analytics、社群洞察報告，了解個人品牌的內容哪類最受市場歡迎，進行內容優化。

2. 個人品牌診斷工具

如 Personal Brand Canvas、Clarity 工具,協助業務員定期檢視自己的品牌資產與市場定位。

## 個人品牌:業務生涯最強的長期資產

個人品牌,是業務生涯中最具價值的長期資產。當市場一想到「這個領域,非你莫屬」,業績與機會自然源源不絕。真正強大的品牌力,從來不靠短期噱頭,而是來自於長期穩定的專業輸出、一致的形象,以及與時俱進的內容深度。

隨著數位工具與心理學策略的結合,業務員的個人品牌早已不只是銷售的輔助角色,而是市場影響力與價值認同的最佳證明。當你的名字成為產業的信任代名詞,品牌便不再只是標籤,而是你事業高度的象徵。

## 第四節　內容行銷與專業人設塑造

在業務職涯中,個人品牌不僅需要被建立,更需透過持續的內容行銷與專業人設塑造,讓市場對你有持續、鮮明的記憶點。內容行銷與人設塑造的結合,使得業務員不只是單一產品的銷售者,而是顧客信任的知識傳遞者與解決方案提供者。

## 第四節　內容行銷與專業人設塑造

### 內容行銷的心理基礎

內容行銷源自於「知識權威」的建立，心理學中的「權威效應」指出，人們更容易聽從、相信具備專業知識與權威形象的人。透過專業內容的持續分享，業務員能夠讓自己在市場中，從「推銷者」升級為「顧問角色」，顧客的信任基礎隨之厚植。

### 設計內容行銷的四大策略

（1）教育型內容：透過專業知識的普及，如產業趨勢解析、解決問題的操作方法，讓市場認知到你的深度與廣度。

（2）故事型內容：透過案例故事、個人成長歷程、客戶成功經驗，創造情感共鳴，強化品牌的人性溫度。

（3）互動型內容：透過線上問答、投票、挑戰賽、社群互動，讓潛在客戶與你建立對話，提升參與感與認同度。

（4）洞察型內容：針對行業變動、政策影響、市場新知，第一時間提出見解，展現專業的敏銳度與前瞻性。

### 專業人設的五大塑造技巧

（1）一貫的視覺風格：如穿著、LOGO、色彩應用，讓市場一眼辨識。

（2）穩定的發聲平臺：選定固定的發聲管道，如LinkedIn、YouTube、個人官網或專欄，培養受眾固定的接收習慣。

(3) 特有的口頭禪或風格用語：例如某知名業務顧問的「業績沒有如果，只有做法」，成為市場對他的專屬記憶點。

(4) 專屬的價值主張：每次對外發聲都圍繞你的專業核心與價值理念，如「幫助臺灣企業降低資本風險」、「打造安全的家庭保障網」等。

(5) 公信力的第三方背書：透過媒體專訪、出版書籍、產業論壇演講，強化市場對你的專業認證。

## 內容與人設的結合：市場實例

### 理財顧問 C

在 YouTube 頻道解析臺灣家庭的理財盲點，並在 FB 設立「財商教室」，定期與粉絲互動，強化「家庭理財顧問」的形象，最終建立高黏著度的客群基礎。

### 健康管理師 D

透過 Podcast 每週解析不同健康議題，並結合 Instagram 的短影片，形成知識與生活化兼具的內容策略，人設自然浮現為「生活健康的專家朋友」。

## 心理學觀點：人設的社會認同效應

「社會認同理論」指出，當一個人擁有穩定的人設與價值主張，群體更容易認同並跟隨。這也是為何專業人設需要不

斷透過內容加深市場記憶，讓客戶知道「在這個議題、這個領域，你說的最權威」。

## 科技工具的輔助

（1）內容排程平臺：如 Buffer、Hootsuite，協助業務員預排多平臺內容，提升產出效率。

（2）數據追蹤與優化：透過 Google Analytics、Facebook Insights 等，了解哪些內容最受歡迎，調整策略。

（3）設計與視覺工具：Canva、Figma，協助業務員非設計專業也能打造高質感的內容視覺。

## 內容行銷＋專業人設：業務員在市場上的信任資本

內容行銷與專業人設的塑造，已成為數位時代業務員不可或缺的軟實力。當內容不再只是單純的「分享」，而是為了「在市場中建立專業權威的位置」，業務員的角色也從產品推銷者，進化為影響市場、引領客戶觀念的專家。

唯有透過持續優化的內容策略，加上清晰且一致的人設定位，業務員才能在市場競爭中，長期累積無可取代的信任資本與影響力。這樣的信任，最終將轉化為穩定的成交力與不斷擴大的市場話語權。

# 第十一章　業務自我經營：時間、品牌與成長

## 第五節　高效檢討：業務日記的祕密

頂尖業務的成長從不只是靠經驗的累積，而是來自對每一次經驗的深度反思與優化。檢討，便是這種高效學習的核心工具。透過檢討，業務不僅能修正錯誤，更能從日常細節中累積策略，打造出一套專屬的業務成功模型。

### 什麼是檢討？

檢討原本是圍棋術語，指下完一局棋後，對整場對弈進行回顧、分析、總結。延伸到業務領域，就是對每一次銷售行動、會談、客戶接觸進行全方位的回顧與拆解，找出得失與優化點。

### 業務日記的五大核心價值

（1）行動記錄：詳細記錄每天的客戶開發、聯絡、拜訪、成交與失敗經驗，形成數據基礎。

（2）情緒與心態追蹤：記錄每日心情與情緒起伏，了解在何種情緒狀態下，業績表現最佳。

（3）話術優化：透過回顧對話與回應，持續修正話術，找到更具說服力的溝通方式。

（4）策略修正：對比目標與實際行動，檢視哪些策略有效，哪些需要調整。

(5) 自我激勵：從記錄的進展與成長中，累積成就感，形成自我激勵的正循環。

## 高效檢討的四步驟

### 1. 回顧行動（What）

今天做了哪些行動？開發了多少客戶？拜訪了幾位？完成了哪些既定任務？

### 2. 檢視結果（Result）

達到什麼結果？如成交、約到見面、客戶回饋等。

### 3. 分析得失（Why）

成功的關鍵是什麼？失敗的原因為何？是話術、時機、客戶心態還是自己準備不足？

### 4. 行動優化（Next）

明天要怎麼調整？需要學習哪些新技巧？需不需要尋求協助或資源？

## 心理學的支撐：成長心態與自我效能

心理學家卡蘿・杜維克（Carol Dweck）提出「成長型心態」，指的是相信能力與智力可以透過努力與學習不斷提升。檢討正是培養成長型心態的實踐方法，讓業務員不再被失敗

打擊,而是將每一次失敗視為學習的機會。

同時,心理學家亞伯特‧班度拉(Albert Bandura)的「自我效能理論」指出,個人對自己完成某項任務的信心,會影響其實際表現。透過檢討的持續記錄與修正,業務員能不斷累積「我做得到」的成功經驗,提升自我效能感。

## 業務日記的書寫範例

養成書寫業務日記的習慣,不僅能幫助檢討,更是打造穩定成長節奏的自我對話。以下七點,協助你每天精準檢視與優化:

(1)今日目標:我今天設定要達成的明確目標是什麼?

(2)今日行動摘要:我實際執行了哪些拜訪、聯絡與溝通?

(3)今日成交／開發進度:有哪些進展?成交了哪些客戶?開發到了什麼階段?

(4)成功的要素:今天的成果來自哪些策略或話術的奏效?

(5)失敗的反思:有哪些地方可以做得更好?失敗的原因是什麼?

(6)明日優化行動:針對今日的經驗,我明天要調整與優化的行動是什麼?

(7)今日心情與狀態：今天的情緒與身體狀態如何？有什麼需要自我調整？

這套紀錄不僅讓你看見每天的累積，更讓成長變得有跡可循，讓每一筆努力都不白費。

## 科技工具的輔助

(1) Notion / Evernote：做為數位日記與行動記錄平臺，便於分類、標籤、檢索。

(2) Google Sheets：記錄每日業績數據，透過表格視覺化追蹤進度。

(3)語音筆記 App：如 Day One，適合行程繁忙時用語音快速記錄當日反思。

## 臺灣業務實例

某壽險業務主管推行「日清日結」制度，要求業務團隊每日書寫業務日記，並在每週例會上分享檢討心得。該制度實施半年後，團隊業績提升了 30%，且新人銷售成功率明顯提高，顯示檢討制度有效提升了團隊整體的學習速度與適應市場的敏捷度。

## 第十一章　業務自我經營：時間、品牌與成長

### ▍檢討力：業務邁向頂尖的自我優化法則

　　檢討不僅是一種習慣，更是一種持續自我精進的關鍵能力。透過記錄業務日記，把每一筆成交的脈絡、每一次拒絕的原因，逐一拆解與反思，業務員才能將每段經驗轉化為下一次成功的養分。

　　真正頂尖的業務，不是從不失誤，而是善於從過往中萃取智慧，不斷修正話術、策略與節奏，讓每一次的自己都比上一次更強、更穩。檢討力，才是讓業務生涯持續優化、攀上頂峰的不二法門。

## 第六節　情緒管理：穩定輸出的心理訓練

　　業務是一場馬拉松式的戰鬥，除了專業與技術，更需要高度穩定的心理素養。無論是客戶的拒絕、業績壓力，還是自我懷疑，若無法妥善管理情緒，將直接影響行動力與業績表現。情緒管理，不只是「壓抑」，而是懂得「轉化」，讓情緒成為驅動力，而非阻力。

### ▍情緒管理的重要性

　　心理學家丹尼爾・高曼（Daniel Goleman）在《EQ》一書中指出，情緒智商（EQ）對職場表現的影響，遠遠超越智商

(IQ)。對業務而言，能否快速從情緒低谷中回彈，不僅影響當下，更左右業績的持續性與穩定性。

觀察高績效業務的共通特質，他們往往具備以下能力：

- 不讓短期失敗與挫折干擾長期的節奏與布局；
- 透過有效的情緒調適，維持穩定且高效的輸出。

正是這份情緒上的穩定性與自我調節力，使得他們即使在市場起伏或業績壓力下，依然能堅守節奏，長線累積頂尖成就。

## 情緒覺察的自我練習

情緒管理的第一步，是學會「覺察」自己的情緒狀態。只有當你看見情緒的變化，才能避免被它悄悄操控。透過每日撰寫情緒日記，你可以系統化觀察自己：

- 今天情緒的高低起伏。
- 哪些事件觸發了負面情緒？
- 面對這些情緒，我採取了什麼行動？

當情緒的自覺力逐步提升，就能在第一時間辨識情緒的源頭，及時調節，避免情緒對判斷力與行動造成干擾。這樣的練習，將成為業務員面對市場壓力與挑戰時最可靠的穩定力。

## 第十一章　業務自我經營：時間、品牌與成長

### 壓力調適的心理工具

#### 1. 認知重構法

當遇到挫敗時，試著用不同的角度解讀。例如：「這次客戶拒絕，代表我還有話術需要優化。」

#### 2. 呼吸與冥想練習

每日安排 5～10 分鐘的呼吸訓練或正念冥想，有助於降低壓力荷爾蒙，提升大腦的專注力與情緒穩定性。

#### 3. 設立情緒錨點

找到能迅速轉換心情的行為，如聽特定音樂、短暫散步、運動等，作為情緒重置的開關。

### 穩定輸出的行為策略

（1）建立工作儀式感：在每天工作開始前，建立固定的啟動儀式，如整理辦公桌、列當日目標、聽激勵音樂等，幫助心理進入最佳狀態。

（2）時間區塊法：將一天的時間劃分為數個「專注區塊」，每區塊專注於一項任務，避免情緒因多工而混亂。

（3）設定情緒緩衝時間：如每三小時安排 10 分鐘的情緒梳理與小憩，避免長時間的壓力累積。

## 社群支持與情緒釋放

業務並非孤軍作戰，擁有一個「情緒支持圈」至關重要。透過與同事、導師或朋友的定期交流，不僅能釋放情緒，還能獲得不同的視角與解決方案。

某保險業務團隊設有「情緒交流會」，每月聚會分享工作上的挫折與快樂，藉由集體共鳴與支持，成員間的抗壓性與凝聚力明顯提升。

## 心理學支撐：自我效能與心理韌性

心理學家班度拉（Albert Bandura）的「自我效能理論」指出，個人對自己完成任務的信心，決定了面對壓力與挑戰的行動力。透過情緒管理，業務員能提升自我效能感，讓自己相信「無論情緒多糟，我仍有能力穩定前行」。

同時，「心理韌性（Resilience）」的培養亦至關重要，指的是人在面對困境與壓力時，能迅速調整與恢復的能力。心理韌性的高低，直接影響業務面對市場波動與業績起伏的適應力。

## 情緒管理的數位工具

（1）Calm / Headspace：提供冥想、呼吸與睡眠輔導，幫助情緒調適。

## 第十一章　業務自我經營：時間、品牌與成長

（2）Moodnotes：讓使用者有能力來長期追蹤自己心情、避開常見的思維陷阱及發展與增加幸福和福祉有關的觀點。

（3）Forest App：簡單有趣的方式幫助您戒除手機成癮、保持專注並培養高效率的遠端生活。

### 情緒管理：業務穩定輸出的核心戰力

情緒管理不只是維持好心情，更是業務穩定輸出的底層能力。當業務員能透過覺察、調適與行動，讓情緒為自己所用，而非被情緒所控，才能在競爭激烈的市場中，持續穩定發揮，累積屬於自己的頂尖業績。

## 第七節　持續學習與成長的路徑

在業務競爭越趨白熱化的市場裡，「學習」不再是選項，而是業務職涯持續增值的必經之路。唯有不斷學習、持續成長，業務員才能因應市場變化，提升專業深度與應變能力，確保自己始終站在競爭的前端。

### 學習的心態基礎：成長型思考模式

心理學家卡蘿・杜維克（Carol Dweck）提出的「成長型思考模式」是持續學習的核心。成長型思考模式相信能力可以

透過努力與學習持續提升,與「固定型心態」認為能力天生固定的人形成強烈對比。業務員若擁有成長型思維,將更容易在面對市場新變局、技術變革時,持續調整與學習,而不陷入「這不是我能學的」的局限。

## 業務學習的三大領域

### 1. 專業知識與技能

熟悉本業的產品、服務、產業趨勢,以及新興的技術工具,如 AI 系統、數位行銷工具。

### 2. 心理學與溝通技巧

學習影響力、說服力、談判與情緒智商,強化人際互動的敏感度與掌控力。

### 3. 市場與客戶洞察力

透過產業報告、經濟趨勢分析,提升對客戶需求與行為模式的理解,找到市場先機。

## 系統性學習的路徑規劃

(1)訂定年度學習目標:如「今年精進商務簡報技巧」、「完成數位行銷認證」等,設定具體可衡量的學習成效。

## 第十一章　業務自我經營：時間、品牌與成長

(2)結合線上與線下學習：善用線上課程平臺，結合實體課程與工作坊，建立多元學習管道。

(3)參與產業論壇與研討會：透過產業峰會、專業協會活動，拓展人脈，同時掌握最新產業脈動。

(4)設立閱讀計畫：每月至少閱讀一本與業務、行銷、心理學相關的書籍，持續汲取跨領域養分。

## 學習型社群的力量

加入學習型社群，如業務菁英俱樂部、行銷學習社群、產業討論群組，不僅可以共享資源，還能透過群體的學習氛圍，激發自我成長的動力。

某保險業務團隊每月舉辦一次「學習分享會」，由不同成員分享最近學習的專業知識或成功案例，形成團隊內部的知識流動，成效顯著。

## 導師與教練的輔助

透過導師或業務教練的指導，能加速學習曲線。導師提供實戰經驗與策略指引，教練則協助業務員釐清職涯目標、優化行動計畫。

心理學中的「社會學習理論」指出，人們在觀察他人成功與失敗的過程中，能快速學習並內化成自己的行為策略。導師制正是此理論的最佳實踐。

## 學習成果的檢討與轉化

學習不應止於知識的獲取，更要轉化為實際行動。每次學習後，應自問：

- 我學到了什麼？
- 這對我的業務行為有何啟發？
- 我要在哪些客戶、場景中實踐這些知識？

並透過業務日記或學習筆記，記錄學習後的反思與行動優化計畫。

## 學習力才是業務員的終極護城河結

持續學習不僅是業務員維持競爭力的關鍵，更是職涯持續進化的保證。當學習成為日常習慣，成長型心態內化為行為模式，業務員將不再懼怕市場變化與技術挑戰，因為他們始終在學、在變、在前進。學習力，就是未來業務員最強的護城河。

# 第十一章　業務自我經營：時間、品牌與成長

# 第十二章
# 業務進階:讓銷售成為影響力事業

# 第十二章　業務進階：讓銷售成為影響力事業

## 第一節　顧問式銷售的全局思維

在傳統的銷售邏輯中，業務員的首要目標往往是「促成成交」——不論透過產品說明、價格讓利或話術推進，目的都是快速拿下訂單。然而，在今日這個資訊高度透明、競爭日益激烈的市場環境中，僅靠產品本身或價格優勢，早已難以建立長期穩定的客戶關係。

也因此，顧問式銷售（Consultative Selling）成為頂尖業務的核心能力之一。這不只是銷售技巧的轉變，更是思考模式的升級：從「**我有什麼產品可以賣給你**」，**轉變為**「**我能幫你解決什麼問題**」。

顧問式銷售的關鍵在於建立全局視野與商業洞察，懂得傾聽、分析、診斷、引導，甚至**幫助客戶看見他自己沒看見的盲點與機會**。這樣的業務角色，不再只是推銷者，而是協作者、顧問、甚至是成長的陪伴者。

真正讓客戶願意持續合作的，不是你多會說，而是你能不能成為他決策時信任的腦力資源。

在顧問式銷售的世界裡，**成交只是過程，解決問題才是價值所在**。

第一節　顧問式銷售的全局思維

## 全局思維的三大核心

### 1. 洞察客戶的全貌

顧問式銷售講究的是站在客戶的全局，了解客戶的產業趨勢、內部挑戰、未來目標。這要求業務具備快速學習、跨領域理解的能力，才能在對話中不只賣產品，而是幫助客戶「看見未來」。

### 2. 需求導向而非產品導向

傳統銷售聚焦在「我有什麼產品可以賣給你」，顧問式銷售則是「你有什麼困難，我來幫你找到解決方法」。甚至當客戶需求超出自己產品範疇時，優秀的業務也會協助客戶找到其他解決資源，建立真正的信任感。

### 3. 策略夥伴的角色定位

不只是一次交易，而是與客戶一起設計長期的成長路徑。透過專業諮詢、資料分析、趨勢預判，成為客戶的「外部智囊團」。

## 心理學支撐：信任曲線

根據心理學的「信任曲線」理論，從「推銷者」到「顧問」的角色轉換，能迅速拉高客戶的信任門檻。當業務從關心成

# 第十二章　業務進階：讓銷售成為影響力事業

交轉為關心客戶全局，客戶的防備心降低，反而更願意分享真實痛點，形成良性循環。

## 顧問式銷售的實戰流程

（1）深度訪談與需求盤點：透過問對問題，協助客戶自己釐清需求與痛點。

（2）資料與數據佐證：以市場數據、產業趨勢支持觀點，建立專業性。

（3）跨產品、跨解決方案整合：不拘泥於單一產品，透過解決方案思維提供最優解。

（4）行動方案與成果評估：協助客戶設計具體可落地的行動計畫，並設定成效評估指標。

## 業務案例

臺灣某 B2B 軟體銷售團隊，過去以產品功能介紹為主，成交率始終不高。轉型顧問式銷售後，業務先進行客戶流程診斷，提出優化建議，再將自家軟體融入解決方案。這種方法讓客戶不再只看到「軟體功能」，而是「解決方案的一部分」，成交率提升近 40%。

## 顧問式銷售：
## 從交易者到客戶成長夥伴的關鍵轉型

顧問式銷售不僅是方法論，更是一種思維的全面升級。當業務跳脫「賣產品」的思維框架，開始站在客戶的產業、策略、未來視角思考，銷售行為便從單純的交易，進化為價值創造的過程。這樣的業務，才能在市場洪流中，真正成為客戶離不開的成長夥伴。

## 第二節　成為解決方案的策展人

在顧問式銷售的進階層次，業務不僅是銷售單一產品的推手，而是解決方案的「策展人」。所謂策展人，就如同藝術展覽的總策劃，必須精挑細選、組合搭配，為觀者呈現最有價值與啟發性的內容。同理，業務的策展，就是為客戶「編織」一套最適合其需求、痛點與發展願景的解決方案組合。

### 策展式思維的五大要素

#### 1. 全局視野

不僅看見客戶眼前的需求，還要預見其產業變化、策略方向，提前為客戶思考長遠規劃。

### 2. 跨界整合力

業務必須掌握跨產業的知識，甚至建立異業合作資源，才能策展出具突破性與差異化的方案。

### 3. 客製化組合能力

針對不同客戶的預算、組織特性與文化，調配適合的產品與服務，拒絕「一體適用」的包裝。

### 4. 價值鏈優化

不只滿足單點需求，更協助客戶優化整體流程、成本結構與效益產出。

### 5. 成果導向的評估機制

策展方案須設計明確的成效評估指標，讓客戶看得見效益，也為後續優化留下依據。

## 市場案例

臺灣某數位轉型顧問專員，在面對傳統製造業客戶時，並未僅銷售 ERP 系統，而是協同軟硬體廠商、教育訓練機構與管理顧問，共同設計一整套「數位轉型升級方案」。此方案涵蓋流程再造、人才培訓、數據治理與系統導入，幫助客戶在兩年內產線良率提升 15%、營運成本下降 20%。

## 心理學觀點:決策簡化與信任加成

根據「選擇悖論」理論,當選項過多,客戶反而陷入決策困難。業務透過策展思維,替客戶過濾資訊、優化選擇,降低決策焦慮。加上「專家效應」的心理機制,客戶更願意信賴一位能統整全局的業務顧問,而非僅推銷單一產品的銷售員。

## 策展人角色的價值提升

當業務成為策展人,他的價值不再來自「產品毛利」,而是「方案整合的智力資產」。這樣的業務不僅擁有更高的議價權,也更容易在產業中累積口碑與影響力,成為客戶間口耳相傳的「策略顧問」。

## 從業務到策展人:成為市場上無法取代者

在銷售的進化路徑上,從業務到顧問,再到策展人,是價值層次的飛躍。當業務能為客戶策展解決方案,不僅提升成交率,更能打造長期深度合作的關係,讓自己在市場上成為「無法被取代的人」。

第十二章　業務進階：讓銷售成為影響力事業

## 第三節　從業務走向個人事業的思維升級

在當代職場，業務不再只是「替公司創造業績」的角色，更是經營自身職涯資本的創業家。當業務員從上班思維升級為「個人事業經營者」，職涯的天花板將不再受限於公司制度，而是由個人的品牌力、資源整合力與市場影響力決定。

### 個人事業的三大核心資產

**1. 個人品牌影響力**

品牌是市場對一個人的綜合評價，當你的名字成為業界專業與信任的代名詞，個人品牌就具備市場號召力。

**2. 專業社群與客群資源池**

打造屬於自己的客戶社群，不僅是銷售的土壤，更是個人事業的護城河。這樣的社群不僅消費，更參與共創與傳播。

**3. 業務行為的產品化與系統化**

將自身銷售流程、客戶經營方式、話術策略產品化，如開發 SOP、銷售工具包、教學課程，讓能力可被複製、擴張，甚至變現。

## 第三節　從業務走向個人事業的思維升級

## 思維升級的四大轉變

（1）從業績導向到價值導向：不只在意當下成交金額，而是專注於「我為客戶創造了什麼價值」。

（2）從單一收入到多元現金流：不再仰賴單一薪資，而是透過顧問、講座、授課、授權等，建立多元被動與主動收入。

（3）從孤軍作戰到資源整合：建立異業合作、跨領域夥伴關係，讓事業具有更多槓桿效應。

（4）從執行者到影響者：以內容行銷、專業輸出、觀點分享，逐步累積在業界的話語權與影響力。

## 市場實例

某資深保險業務員，從單純銷售保單轉型為「家庭財務顧問」，開設專屬理財講座、出版理財書籍，並透過社群經營打造個人品牌，成功將業務職涯升級為個人事業王國。

另一位房仲業務，則結合裝潢設計、不動產投資諮詢，開設 YouTube 頻道，成為「房產投資顧問」，拓展了原本房仲的局限，發展出跨界的事業版圖。

## 心理學支撐：自我實現與自我領導

馬斯洛需求理論的「自我實現需求」指出，當人們滿足了生理與安全需求後，便渴望實現個人潛能。從業務到事業的

## 第十二章　業務進階：讓銷售成為影響力事業

轉型，正是自我實現的過程。同時，自我領導（Self-Leadership）理論強調，個人應對自我行為、思維與情緒負責，透過自我設定目標、自我激勵、自我觀察來持續提升與突破。

### 行動建議

（1）盤點自身優勢與資源，找到個人品牌定位。

（2）制定三年事業藍圖，包含收入結構、品牌定位、合作夥伴與擴張計畫。

（3）持續學習跨領域知識，如行銷、品牌經營、財務管理等，提升經營視野。

（4）建立內容產出機制，每月固定輸出專業文章、影片或講座，強化市場記憶點。

### 從業務到事業主：開啟人生影響力的質變之路

從業務走向個人事業，不僅是收入的倍增，更是人生影響力的擴張。當業務擁有事業主的視野與格局，銷售就不再是終點，而是事業版圖中的一環。這樣的思維升級，才能讓個人職涯真正迎來本質上的成長。

# 第四節　從成交到共創：顧客變合作夥伴

在傳統銷售邏輯中，成交代表終點，業務與顧客的關係到此告一段落。但在業務進階的視角裡，成交只是起點，真正的價值在於「共創」。共創不只是讓顧客買單，而是邀請顧客參與品牌、產品或服務的優化，甚至成為共同市場開發的夥伴。

## 共創關係的本質

共創，來自共同創造「co-creation」的概念，指的是供應方與需求方共同參與價值創造的過程。對業務而言，共創意味著：

- 顧客不再只是被動接收產品，而是主動參與改良與設計；
- 業務不再只是賣方，而是價值鏈的一部分，與顧客一起探索市場與機會。

## 共創的三大實踐層次

### 1. 產品或服務共創

與顧客討論產品的實際使用經驗，根據回饋優化功能、流程或體驗。例如邀請核心顧客參與產品測試、Beta 版試用，讓顧客的建議直接影響產品疊代。

### 2. 行銷共創

讓顧客參與品牌行銷，如共同拍攝客戶見證影片、分享使用心得、參與品牌活動的規劃。這不僅提升顧客的參與感，也讓行銷更具真實性與感染力。

### 3. 市場共創

與顧客共同開發新市場，如顧客將產品推薦給其人脈、異業引薦，甚至成為經銷代理，讓顧客從「消費者」變成「推廣者」。

## 心理學支撐：參與感與擁有感

心理學中的「自我決定理論」指出，人們在被賦予選擇與參與的機會時，會產生更高的動機與投入感。當顧客參與共創，他對產品與品牌的「擁有感」增強，忠誠度也隨之提高。這種「我有參與」的情緒連結，遠勝單純的售後服務。

## 市場案例

某美妝品牌透過社群票選新產品的包裝設計與香味，讓消費者參與產品開發。此舉不僅激發市場話題，更讓參與投票的顧客形成強烈的品牌歸屬感，上市後銷售成績翻倍成長。

## 業務如何啟動共創

（1）建立核心顧客社群，如 VIP 會員、意見領袖群組，作為共創的溝通與回饋平臺。

（2）設計共創機制，如「顧客回饋日」、「創新工作坊」，讓顧客有具體的參與管道。

（3）成果公開透明，讓顧客知道哪些建議被採納，哪些變化來自顧客的參與，強化共創的成就感。

## 從成交到共創：業務進化的價值跳躍

從成交到共創，是業務價值層次的提升。當顧客成為合作夥伴，業務不僅擁有穩定的銷售基礎，更拓展了品牌影響力與市場開發的深度。共創不只是銷售策略，更是長期關係經營的關鍵武器，讓業務與顧客之間，從單純交易走向共同成長。

---

# 第五節
# 銷售的影響力：你影響誰，就決定你成就

---

在業務進階的路上，影響力是衡量成就的核心指標。銷售不僅僅是推動產品，而是透過影響客戶的決策、行為與思考模式，進而擴大自身的市場影響範圍。誰能被你影響，決定了你的成就格局。

## 第十二章　業務進階：讓銷售成為影響力事業

### 影響力的三層結構

**1. 直接影響力**

指與你直接互動的客戶、合作夥伴。這層影響力決定了你的短期業績與口碑。

**2. 間接影響力**

透過口碑、推薦、分享影響的第二層人群，這是品牌力的延伸與倍增器。

**3. 產業影響力**

當你的觀點、方法論被業界認可，甚至成為趨勢引導者時，你的影響力就不再局限於客戶，而是整個產業的思維轉變。

### 影響力的養成策略

（1）專業輸出：透過白皮書、產業分析、成功案例分享，累積專業權威。

（2）內容行銷：經營個人品牌網站、社群平臺，持續分享專業見解，培養固定粉絲群。

（3）公共參與：參與論壇、講座、媒體訪談，讓市場看見你的聲音與價值觀。

（4）出版與課程：透過書籍出版、線上課程，將個人知識體系化，形成長尾影響力。

## 第五節　銷售的影響力：你影響誰，就決定你成就

### 心理學觀點：社會影響理論

社會心理學中的「社會影響理論」指出，影響力的強弱取決於三個因素：

- 影響來源的力量：你的專業度與權威性。
- 影響來源的接近性：你與受眾的互動頻率與距離。
- 影響來源的數量：有多少人同時受到你的影響。

因此，透過多管道經營（線上線下結合）、頻繁與市場互動、提升自身權威性，都是擴大影響力的關鍵策略。

### 市場案例

以某知名銷售顧問為例，透過出版銷售心法書籍、開設企業內訓、經營社群，成功讓自己從業務專家轉型為「銷售思維導師」。其影響力已不僅限於單一產業，而是跨界被邀請分享，甚至影響企業高層的銷售文化轉型。

### 行動指引

（1）設定個人影響力目標：明確你希望影響的層級與範圍。

（2）每季製作一份產業深度內容：如白皮書、專題文章，展現專業洞察力。

# 第十二章　業務進階：讓銷售成為影響力事業

（3）主動參與產業活動：累積曝光，建立產業內的信任感與辨識度。

（4）培養個人觀點：對於產業、趨勢、社會議題建立獨到見解，形成市場認知中的「某某議題就想聽你說」。

## 影響力才是業務的終極競爭力

業務的極致，不是成交多少產品，而是影響了多少人的選擇與信念。當你的影響力超越了產品本身，轉化為市場觀念、產業思維的導向者，你的事業高度也將隨之突破。影響力，是決定業務成就的真正邊界。

## 第六節　經營個人品牌的變現模式

當個人品牌具備影響力後，變現就不再只是單純地銷售產品，而是透過多元的商業模式，讓品牌本身成為一種長期且可擴張的資產。以下是個人品牌常見的六大變現模式，適合業務與專業人士長期發展。

### 顧問服務與諮詢

透過個人專業與產業經驗，為企業或個人提供顧問服務，如銷售策略顧問、品牌營運顧問、行銷企劃諮詢等。這

類服務報酬高，且透過實際參與客戶企業的成長，也進一步強化個人品牌的市場信譽。

## 出版書籍與線上課程

出版書籍不僅是知識的結晶，更是市場公信力的象徵。結合線上課程，將專業內容模組化，形成可規模化、被動收入的產品線。透過持續更新課程內容與學習社群經營，形成穩定的學員基礎。

## 專業工作坊與論壇

舉辦線上或實體的專業課程、主題講座、論壇活動，聚集志同道合的客群。這不僅是變現的管道，更是深度經營粉絲與專業社群的最佳方式，進一步凝聚品牌影響力。

## 品牌代言與異業合作

當個人品牌累積到一定聲量與信任度，企業會主動邀請合作，如擔任產品代言人、形象大使，或共同開發聯名商品。這類合作能迅速提升曝光度與收益，並讓品牌橫跨更多產業領域。

## 第十二章　業務進階：讓銷售成為影響力事業

### 訂閱制服務或付費社群

建立付費社群、訂閱型內容服務，如專屬顧問群組、每月主題直播、產業內部分析報告等。透過穩定的訂閱收入，創造品牌的現金流，並建立與粉絲的深度互動。

### 知識授權與智慧財產變現

將開發的知識體系、模型、工具進行授權，供企業或教育機構採用。透過智慧財產的版權收益，讓知識資產變成長期穩定的收入來源。

### 市場案例

某知名顧問教練透過多年培訓與顧問經驗，出版數本暢銷書、開設線上課程，並舉辦年度銷售論壇，吸引數百名業務菁英參加。更進一步推出專屬的「銷售私塾」訂閱制社群，形成品牌的生態系，年收益突破千萬。

### 打造個人品牌財富矩陣

個人品牌的變現，關鍵在於多元化與系統化。從顧問、出版、教育、代言到社群與授權，都是建立財務自由與品牌影響力的路徑。當業務不再只是單打獨鬥，而是透過品牌力布局多元變現模式，職涯的深度與廣度將無限延伸。

# 第七節　銷售人生的最後一句話：讓顧客記得你，不只是產品

在業務職涯的最終境界，銷售早已超越了「成交」的表面意義，變成一種「生命影響生命」的歷程。真正頂尖的業務，讓顧客記得的從來不只是那張訂單，而是「這個人曾經在我人生某個階段，帶來了改變」。

## 從產品記憶到價值記憶

顧客記住一個業務，往往不是因為產品本身，而是那段被協助、被理解、被啟發的過程。這就是心理學中的「情緒記憶效應」：人們容易記得讓自己產生強烈情緒連結的人與事。當業務能在顧客最需要解決問題的時刻，給予超出期待的價值，那股情緒與記憶將深植人心。

## 價值影響的三層次

### 1. 實質解決問題

協助顧客解決當前最急迫的困難，創造實質效益，如降低成本、提升業績、優化流程等。

### 第十二章　業務進階：讓銷售成為影響力事業

**2. 觀念啟發**

帶給顧客全新的視野與思考方式，讓顧客不僅解決問題，還學會如何面對未來的挑戰。

**3. 人生階段的陪伴者**

成為顧客不同人生階段的夥伴，從職涯轉換、企業升級到家庭理財，業務的價值也在不斷進化與延伸。

## 影響力的延續：顧客成為你的傳播者

當顧客記住的是「你」，而非產品，他們自然而然會將你的專業與價值介紹給更多人。這是影響力的延續，也是最天然的口碑行銷。你的每一次影響，不僅停留在當下，而是透過顧客的人脈網絡，持續擴散。

## 市場實例

某資深業務顧問曾協助一家中小企業轉型成功。多年後，當這家企業負責人成為產業領袖時，依然在各大論壇提起這位顧問的貢獻，並持續為其引薦新客戶。這不只是業務能力的認可，更是「影響力的遺產」。

## 第七節　銷售人生的最後一句話：讓顧客記得你，不只是產品

### 銷售的頂點，不是成交數字，而是你影響了多少人的人生

在行銷學的本質裡，銷售從來不只是「賣出多少產品」，而是「你幫助了多少顧客解決問題，進而帶來他們的成長與轉變」。美國行銷大師菲利普・科特勒（Philip Kotler）早已指出，現代行銷的核心不再是「交易」而是「關係」，而這段關係的深度，決定了顧客對品牌的忠誠與企業的生命週期。

正如管理學家麥可・波特（Michael Porter）所說，企業競爭優勢的關鍵，在於「創造顧客無法忽視的獨特價值」。若銷售只是數字遊戲，終究會被價格戰消耗殆盡；但若你深刻參與了顧客的問題解決，成為他們成長路上的重要推手，這樣的銷售人生才值得被記憶，也才能真正累積品牌的無形資產。

總結來說，銷售的頂峰不在於賣出數量的多寡，而在於「我曾影響誰的生命」。這些顧客的成就與轉變，將是業務人生最具分量的勳章，也是真正改變市場與世界的力量。

| 電子書購買 | 爽讀 APP |

國家圖書館出版品預行編目資料

我不是業務，我是專門解決問題的那個人：好業務眼中沒有爛產品，只有沒被理解的問題 / 宋希玉 著 . -- 第一版 . -- 臺北市：財經錢線文化事業有限公司 , 2025.08
面；　公分
POD 版
ISBN 978-626-408-356-0( 平裝 )
1.CST: 銷售 2.CST: 行銷心理學 3.CST: 顧客關係管理
496.5　　　　　　　　　114010979

## 我不是業務，我是專門解決問題的那個人：好業務眼中沒有爛產品，只有沒被理解的問題

臉書

| 作　　者：宋希玉
| 發 行 人：黃振庭
| 出 版 者：財經錢線文化事業有限公司
| 發 行 者：崧燁文化事業有限公司
| E - m a i l：sonbookservice@gmail.com
| 粉 絲 頁：https://www.facebook.com/sonbookss/
| 網　　址：https://sonbook.net/
| 地　　址：台北市中正區重慶南路一段 61 號 8 樓
| 　　　　　8F., No.61, Sec. 1, Chongqing S. Rd., Zhongzheng Dist., Taipei City 100, Taiwan
| 電　　話：(02) 2370-3310　　傳　　真：(02) 2388-1990
| 印　　刷：京峯數位服務有限公司
| 律師顧問：廣華律師事務所 張珮琦律師

-版權聲明

本書作者使用 AI 協作，若有其他相關權利及授權需求請與本公司聯繫。
未經書面許可，不可複製、發行。

定　　價：450 元
發行日期：2025 年 08 月第一版
◎本書以 POD 印製